水峪煤业巷道支护参数与断面设计

主　编　冯云贵　梁建峰
副主编　李生亚　严　红　裴　晖

中国矿业大学出版社
·徐州·

图书在版编目(CIP)数据

水峪煤业巷道支护参数与断面设计 / 冯云贵,梁建峰主编. — 徐州:中国矿业大学出版社,2024. 11.

ISBN 978-7-5646-6516-6

Ⅰ. TD263. 1-64

中国国家版本馆 CIP 数据核字第 2024ES3932 号

书　　名　水峪煤业巷道支护参数与断面设计

SHUIYUMEIYE HANGDAO ZHIHU CANSHU YU DUANMIAN SHEJI

主　　编　冯云贵　梁建峰

责任编辑　马晓彦

出版发行　中国矿业大学出版社有限责任公司

(江苏省徐州市解放南路　邮编 221008)

营销热线　(0516)83885370　83884103

出版服务　(0516)83995789　83884920

网　　址　http://www.cumtp.com　**E-mail**:cumtpvip@cumtp.com

印　　刷　江苏凤凰数码印务有限公司

开　　本　787 mm×1092 mm　1/16　**印张** 7.75　**字数** 148 千字

版次印次　2024 年 11 月第 1 版　2024 年 11 月第 1 次印刷

定　　价　34.00 元

《水峪煤业巷道支护参数与断面设计》
编委会

主　　编	冯云贵	梁建峰		
副 主 编	李生亚	严　红	裴　晖	
参编人员	张经纬	李　刚	耿晋杰	翟灵俊
	韩鹏飞	马　宁	降承春	张银虎
	吴　林	王炳方	张金文	张　强
	张海涛	王　凯	岳　兴	王中元
	郝晋华	贾　昆	曹飞飞	康跃宇
	鲍　钢	廉文胜	薛林辉	冯国力
	霍雷雷	范茂林	邓　飞	景嘉炜

前 言

我国井工开采煤矿需要掘进规模巨大的巷道工程，据不完全统计，年均掘进巷道长度达 12 000 km。巷道的畅通与稳定是保障煤矿安全、高效生产的必要条件。煤矿巷道量大面广、生产地质条件复杂多样，围绕不同条件和类型的巷道围岩稳定性控制，研究人员提出了巷道围岩相关理论和技术，并积极开展工程实践和技术的推广应用，为煤矿安全、高效生产提供了保障。

山西汾西矿业集团水峪煤业有限责任公司（简称“水峪煤业”）是隶属于山西焦煤汾西矿业（集团）有限责任公司的国有独资大型现代化矿井，2022 年被评为中国煤炭工业特级安全高效矿井。从 1966 年 1 月正式投产至今已有 50 余年的开采历史，历经多年的开采，已完成了一、二、三、四、五、七采区合计 6 个采区工作面的安全回采，目前生产采区为六、八、十采区，准备采区为九采区。随着开采装备和技术的革新，矿井采煤工艺也随之大幅改变，经历了从普采、高档普采、低位放顶煤综采到智能化综采、综放的发展过程；相应地巷道掘进断面也由小到大，巷道支护材质从初始的料石砌碹、木棚、钢棚、木锚杆向螺纹钢锚杆、高强度锚杆、大延伸率锚索、注浆锚索、钢管混凝土支架等演变。水峪煤业先后成功开展了采空区下、大断面复合顶板、大埋深等复杂条件下的巷道支护设计、安全高效掘进和稳定性控制，现场应用效果良好，通过校企合作和长期的实践总结，现场工程技术人员积累了较丰富的巷道支护设计经验，有力助推了矿井安全、绿色、高效和智能化建设。

本书归纳了水峪煤业不同采区典型巷道断面支护设计方案，汇编了矿井主要井筒和采区巷道断面支护图，分析了典型复杂困难巷道围岩变形特征、控制方案和综合控制效果。全书共分为五章，第一章为水峪煤业概况，第二章至第五章分别为十采区、六采区、八采区和九采区巷道断面支护设计。附录部分为巷道断面支护图册。

本书中巷道支护设计和大量工程实践得到了山西焦煤汾西矿业（集团）有限责任公司和水峪煤业有关领导及工程技术人员的大力支持，在此向他们表示诚挚谢意！

受编者水平所限，书中难免存在疏漏和错误之处，恳请专家和读者批评指正。

编　者

2024 年 9 月

目　录

附录　巷道断面支护图册

第一章　水峪煤业总体简介

第一节　矿井概况

水峪煤业是山西焦煤汾西矿业(集团)有限责任公司主焦煤和优质动力煤主力生产矿井，位于山西省孝义市兑镇镇境内。矿井始建于 1959 年 3 月，于 1966 年 1 月正式投产，原设计生产能力为 0.9 Mt/a，2013 年 11 月核定生产能力为 5 Mt/a，2017 年 6 月核定生产能力为 4 Mt/a，配套建有入选能力为 5 Mt/a 的选煤厂。

水峪煤业位于霍西煤田汾孝矿区，北东部与高阳煤矿、正文煤业、正旺煤业、正令煤业相邻，西部与离柳集团、柳湾煤矿相邻，南部与正善煤业、曙光煤矿相邻，矿井证载井田面积为 48.784 3 km^2，开采深度为 100～910 m。矿井水文类型为中等，正常涌水量为 180 m^3/h，最大涌水量为 230 m^3/h。矿井所采煤层均为自燃煤层，自燃倾向性为Ⅱ类，煤尘具有爆炸性。矿井绝对瓦斯涌出量为 8.36 m^3/min，相对瓦斯涌出量为 0.85 m^3/t，采煤工作面最大绝对瓦斯涌出量为 1.28 m^3/min，掘进工作面最大绝对瓦斯涌出量为 0.66 m^3/min，属高瓦斯矿井。

第二节　开拓系统

矿井采用斜井开拓方式。根据矿井开拓部署和通风安全等要求，共设有 6 个进风井，分别为主斜井、副一斜井、副二斜井、二号进风斜井、东进风斜井、九采区进风斜井；共设有 3 个回风井，分别为南回风斜井、九采区回风立井、王家庄回风斜井。

全矿井现开采水平为+700 m 水平，现布置有 3 个采区，分别为六采区、八采区、十采区；九采区为准备采区。

第三节 主要井筒概况

(1) 主斜井：半圆拱形断面，净宽为 4 600 mm，净高为 3 650 mm，净断面积为 14.1 m^2，倾角为 16.5°，斜长为 880 m；斜井内安装有带式输送机；设行人台阶，用于矿井主提升，并兼作矿井进风井及安全出口。

(2) 副一斜井：半圆拱形断面，净宽为 4 800 mm，净高为 3 800 mm，净断面积为 15.7 m^2，倾角为 23°，斜长为 473.5 m；斜井内安装有绞车；设行人台阶，用于大型设备及材料的提升，并兼作矿井进风井及安全出口。

(3) 副二斜井：半圆拱形断面，净宽为 4 200 mm，净高为 3 600 mm，净断面积为 13.2 m^2，倾角为 25°，斜长为 660.6 m；斜井内安装有架空乘人装置；设行人台阶，用于矿井人员升降，并兼作矿井进风井及安全出口。

(4) 东进风斜井：半圆拱形断面，净宽为 3 000 mm，净高为 2 800 mm，净断面积为 7.43 m^2，倾角为 30°，斜长为 325.8 m；表土段采用混凝土砌碹，支护厚度为 300 mm；基岩段采用锚喷支护，喷层厚度为 100 mm，锚杆为 ϕ22 mm×2200 mm 的左旋无纵筋螺纹钢锚杆，间距为 800 mm，排距为 800 mm；设行人台阶，兼作矿井进风井及安全出口。

(5) 南回风斜井：半圆拱形断面，净宽为 4 500 mm，净高为 3 500 mm，净断面积为 13.57 m^2，倾角为 30°，斜长为 388.9 m；表土段采用混凝土砌碹，支护厚度为 350 mm；基岩段采用锚喷支护，喷层厚度为 120 mm，锚杆为 ϕ22 mm×2 200 mm 的左旋无纵筋螺纹钢锚杆，间距为 800 mm，排距为 800 mm；设行人台阶，用于六采区回风，并兼作矿井安全出口。

(6) 九采区进风斜井：半圆拱形断面，净宽为 5 000 mm，净高为 4 300 mm，净断面积为 18.82 m^2，倾角为 22°，斜长为 734 m；表土段采用混凝土砌碹，支护厚度为 400 mm;基岩段采用锚网喷支护,喷层厚度为 150 mm;设行人台阶,兼作矿井进风井及安全出口。

(7) 九采区回风立井:圆形断面,净直径为 4 500 mm,净断面积为 15.90 m^2;采用混凝土砌碹,支护厚度为 500 mm;装备梯子间,用于矿井南翼及八采区回风。

(8) 二号进风斜井:三心拱形断面,净宽为 5 000 mm,净高为 3 300 mm,净断面积为 14.7 m^2,倾角为 16.5°,斜长为 534.8 m;采用混凝土砌碹,支护厚度为 300 mm;设行人台阶,兼作矿井进风井及安全出口。

(9) 王家庄回风斜井:半圆拱形断面,净宽为 4 000 mm,净高为 3 500 mm,净断面积为 12.28 m^2,倾角为 30°,斜长为 415 m;采用锚喷支护,落底于 2 号煤层;设台阶扶手,用于十采区回风,并兼作矿井安全出口。

各井筒的断面均满足其提升、运输、通风、排水、行人、管线敷设的要求。

主要井筒巷道断面支护图详见附录 1。

第二章 十采区巷道断面设计

十采区巷道主要布置在 2 号煤层。主要巷道有＋700 m 轨道巷、＋700 m 胶带巷、十采区集中轨道巷、十采区集中胶带巷、十采区集中回风巷、十采区轨道巷、十采区胶带巷、十采区回风巷。主要硐室有避难硐室、十采区主变电所、十采区 1 号水仓泵房、十采区变电所。工作面巷道示例：10219 材料巷、10219 运输巷、10219 开切眼。

巷道断面形状主要有矩形、半圆拱形、O 形、梯形等。

巷道断面支护方式主要有锚杆支护、锚喷支护、料石砌碹、钢管混凝土支架支护、注浆锚杆支护、注浆锚索支护等。

第一节 十采区巷道布置及地质概况

一、地质情况

十采区三条大巷东距侯家岭村约 400 m，西距大沟村约 400 m，南距西大会村约 1 000 m，北距沟南村约 600 m。

十采区三条大巷在山西组 2 号煤层中掘进，三条大巷平行布置，掘进方位为 180°，三条巷道中心距离为 30 m，北起十采区三条集中巷道，南至十采区第十轨回联巷。十采区胶带巷东侧为十采区轨道巷，西侧为十采区回风巷，十采区轨道巷、胶带巷、回风巷地面标高为＋939～＋1 105 m，工作面标高为＋325～＋504 m。由于埋深较大，三条大巷在掘进过程中均出现不同程度的变形，以底鼓尤为严重，巷道受到非对称压力作用，拱形两帮出现不同程度鼓出、掉渣、塌陷等破坏，受到两帮鼓出挤压作用，巷道呈非对称三角形状，巷道围岩压力显现强烈。十采区胶带巷采用U29型钢可缩性支架，并进行了大范围加强支护，但围岩变形仍然强烈，胶带巷局部区域棚腿弯曲变形折断，顶板棚梁发生扭曲变形，巷道围岩仍呈现不稳定变形破坏趋势。基于此，开展了巷道支护参数设计与断面优化，并进行了现场应用实践，取得了积极的控制效果。

二、主要煤层顶底板特征

（一）2号煤层的顶底板特征

2号煤层：厚度为0.55～3.27 m，平均厚度为1.73 m，含夹矸0～3层，一般不含或含1层夹矸，结构简单，煤层顶板为泥岩、砂质泥岩、细粒砂岩，局部为粗粒砂岩、粉砂岩。底板为泥岩或粉砂岩。十采区2号煤层平均厚度为2.25 m，煤层结构复杂，煤层倾角为5°～15°，平均倾角为10°，顶板主要为砂质泥岩和中粒砂岩，底板主要为泥岩和砂质泥岩。

（二）3号煤层的顶底板特征

3号煤层：位于山西组下部，上距2号煤层6.34～12.32 m，平均9.11 m，煤层厚度为0～2.40 m，平均厚度为0.72 m。不含或含1层夹矸，结构简单，属不稳定的局部可采煤层。顶板多为泥岩或粉砂岩，底板为泥岩、砂质泥岩、细粒砂岩，局部为中粒砂岩、粉砂岩。十采区3号煤层平均厚度为0.76 m，顶板主要为粉砂岩和砂质泥岩，底板主要为中粒砂岩、粉砂岩等。

十采区煤层综合柱状图2-1-1详见附录2。

第二节　十采区主要巷道断面支护设计

一、十采区胶带巷断面支护设计

十采区胶带巷施工时共有3种断面支护设计方案，维修时有2种断面支护设计方案。

（一）第一段半圆拱形：0～1 350 m范围（合计1 350 m）

(1) 2011年6月1日开始施工，巷道沿3号煤层底板掘进。地面标高为

+1 052～+1 096 m,工作面标高为+322～+355 m,盖山厚度为730～741 m。

(2) 巷道断面设计为半圆拱形。掘宽为5 240 mm,净宽为5 000 mm,掘高为4 020 mm,净高为3 900 mm。

(3) 支护方式为永久支护,采用锚网喷支护。锚杆呈“矩形”布置,顶锚杆为ϕ22 mm×2 200 mm的螺纹钢锚杆,帮锚杆为ϕ16 mm×1 800 mm的圆钢锚杆,间排距为800 mm×800 mm。每根螺纹钢锚杆用2卷锚固剂,1卷CK2355型锚固剂(钻孔底部)和1卷Z2355型锚固剂,每根圆钢锚杆用1卷Z2355型锚固剂。网采用ϕ6 mm的钢筋网,规格2 000 mm×1 000 mm,网格大小为150 mm×150 mm。锚索采用ϕ21.6 mm×5 000 mm的钢绞线,呈“三花形”布置,沿巷道掘进方向每1 600 mm布置1组,第一排1根布置在巷道中线正顶处,第二排2根分别布置在中线两侧1 600 mm处,锚索垂直于巷道顶板轮廓线。每根锚索锚固用3卷锚固剂,1卷CK2355型锚固剂(钻孔底部)和2卷K2355型锚固剂,托盘规格(长×宽×厚)为300 mm×300 mm×10 mm。喷浆料体积配比(水泥∶砂子∶石子)为1∶2∶2,总喷层厚度为120 mm。

(4) 支护效果:十采区胶带巷受高应力影响,呈现不同程度变形,局部经过维修套棚,但依旧变形严重,10211运输巷开口前后共150 m范围拱形棚梁变形严重、棚梁弯曲,顶板下沉。变形后巷道宽3.0～3.5 m,高2.3 m。开展了维修支护,具体维修断面和方式在维修段内容中说明。

十采区胶带巷第一段施工断面支护图2-2-1详见附录2。

(二) 第二段矩形:1 350～1 981 m范围(合计631 m)

(1) 2017年3月开始施工,巷道以180°方位角掘进。巷道断面设计为矩形,掘宽为5 200 mm,净宽为5 000 mm,掘高为3 300 mm,净高为3 200 mm。

(2) 永久支护:

① 顶锚杆采用ϕ22 mm×2 400 mm的螺纹钢锚杆,间排距为800 mm×800 mm。顶部两端锚杆与铅垂线成15°角,其余顶锚杆均垂直于顶板。每根锚杆锚固用1卷CK2355型(钻孔底部)和1卷K2355型锚固剂,用规格(长×宽×厚)为200 mm×120 mm×10 mm的托盘和ϕ120 mm×

10 mm 的碟形托盘(角锚杆用斜托)叠加安装。

② 帮锚杆采用 ϕ22 mm×2 400 mm 的螺纹钢锚杆，间排距为 800 mm×800 mm。两帮部最上一根锚杆与水平线成 15°角，其余帮锚杆均垂直于两帮。每根锚杆锚固用 1 卷 CK2355 型(钻孔底部)和 1 卷 K2355 型锚固剂，用规格(长×宽×厚)为 200 mm×120 mm×10 mm 的托盘和 ϕ120 mm×10 mm 的碟形托盘叠加安装。

③ 顶锚索采用 ϕ21.6 mm×7 000 mm 的钢绞线，呈“五花形”布置。锚索间排距为 1 600 mm×1 600 mm。每根锚索锚固用 1 卷 CK2355 型(钻孔底部)和 1 卷 K2355 型锚固剂，托盘规格(长×宽×厚)为 300 mm×300 mm×12 mm。

④ 帮锚索采用 ϕ21.6 mm×7 000 mm 的钢绞线，呈“矩形”布置。锚索每 1 600 mm 布置 1 组；最上一根锚索距顶板 800 mm，与水平线成 15°角布置。每根锚索锚固用 1 卷 CK2355 型(钻孔底部)和 1 卷 K2355 型锚固剂，托盘规格(长×宽×厚)为 300 mm×300 mm×12 mm。

⑤ 网采用 ϕ6 mm 的钢筋网，规格为 2 000 mm×1 000 mm。设计喷层厚度为 100 mm，基础厚度为 100 mm。喷射混凝土强度等级为 C20。

(3) 支护效果：支护后 1～2 a 内，巷道围岩变形严重，多次维修，变形后巷道净宽为 3.6～4.0 m，净高为 2.2～2.5 m。

十采区胶带巷第二段施工断面支护图 2-2-2 详见附录 2。

(三) 第三段半圆拱形：1 981～2 306 m 范围(合计 325 m)

(1) 2021 年 11 月开始施工，断面为半圆拱形，净宽为 3 500 mm，掘宽为 3 700 mm，净高为 3 350 mm，掘高为 3 450 mm。

(2) 永久支护：

① 顶、帮锚杆均采用 ϕ22 mm×2 400 mm 的高强度左旋无纵筋螺纹钢锚杆(屈服强度为 500 MPa)，锚杆均垂直于巷道轮廓线呈“矩形”布置，间距为900 mm，排距为 1 000 mm。托盘采用可调心拱形高强度托盘配减摩垫片，托盘规格为 150 mm×150 mm×10 mm，承载能力不低于 250 kN。每根锚杆锚固用 2 卷锚固剂，1 卷 CK2355 型锚固剂(钻孔底部)和 1 卷 K2355 型

锚固剂。锚杆扭矩为 300 N·m,锚固力为 150 kN。

② 锚索选用规格为 ϕ21.8 mm×6 000 mm 的(1×19 股)高强度低松弛预应力钢绞线,呈“矩形”布置。顶锚索沿巷道掘进方向每 2 000 mm 布置 1 组,每组 2 根,在距巷道中线两端 900 mm 处各布置 1 根;帮锚索在两帮各布置 1 根,均垂直于巷道顶板轮廓线。选用规格为 300 mm×300 mm×14 mm 的可调心拱形高强度锚索托盘配球形垫叠加安装。锚索预紧力为 200 kN,锚固力为 360 kN。每根锚索锚固用 3 卷锚固剂,1 卷 CK2355 型锚固剂(钻孔底部)和 2 卷 K2355 型锚固剂。

③ 铺网:网采用 ϕ6 mm 的钢筋网,规格为 2 000 mm×1 050 mm,网格大小为 120 mm×120 mm。巷道设计喷层厚度为 100 mm,基础厚度为 100 mm。喷射混凝土强度等级为 C20。

(3) 支护效果:巷道局部出现底鼓,顶板局部开裂。变形后,0～100 m 巷道净宽为 3.6～4.0 m,净高为 2.2～2.5 m。

十采区胶带巷第三段施工断面支护图 2-2-3 详见附录 2。

(四) 维修施工第一段半圆拱断面钢管混凝土支架:1 247～1 493 m 范围(合计 246 m)

(1) 2022 年 2 月开始维修,掘宽为 5 400 mm,净宽为 4 800 mm,掘高为 4 100 mm,净高为 3 800 mm。维修前断面为直墙半圆拱形,巷道净宽为 3 000～4 000 mm,净高为 1 800～3 000 mm。

(2) 支护方式为锚网喷+拱形钢管混凝土支架联合支护。

① 锚杆呈“矩形”布置,扩刷部分支护锚杆均使用 ϕ22 mm×2 400 mm 的高强度左旋无纵筋螺纹钢锚杆,间排距为 1 000 mm×1 000 mm。托盘采用可调心拱形高强度托盘配减摩垫圈,托盘规格为 150 mm×150 mm×10 mm。每根锚杆锚固用2 卷锚固剂,1 卷 CK2355 型锚固剂和 1 卷 K2355 型锚固剂。锚杆扭矩为 300 N·m,锚固力为 150 kN,钢带规格为 400 mm×300 mm×4.5 mm。

② 架设钢管混凝土支架,架距(中—中)为 1 000 mm,架腿基础深 200 mm,架腿支在硬底上。钢管混凝土支架选用 20 号钢制作的 ϕ194 mm×

8 mm 的无缝钢管；使用 600 mm 长的套管连接，套管采用 ϕ219 mm×8 mm 的无缝钢管；支架间通过连接杆连接，支架圆周方向每隔 2 000 mm 设置一个连接杆。连接杆由 1 根顶杆和 2 个顶杆托盘组成，将顶杆扣在顶杆托盘上；顶杆长 800 mm，采用 10 号槽钢加工。

③ 喷浆：架设钢管混凝土支架后巷道进行集中喷浆，喷射混凝土强度等级为 C20。

④ 钢管支架灌注混凝土：支架安装完成后，使用混凝土输送泵向空钢管支架灌注强度等级为 C40 的混凝土。每安装 40～50 架空钢管支架，灌注混凝土一次。

(3) 维修效果：维修后经过半年的巷道围岩移近量观测，巷道变形为 10～30 mm，变形量不大，巷道变形趋于稳定，有效控制了巷道围岩的变形。

十采区胶带巷第一段维修断面支护图 2-2-4 详见附录 2。

(五) 第二段维修"O"形断面钢管混凝土支架：1 493～1 981 m 范围(合计 488 m)

(1) 2021 年 4 月开始维修。巷道断面维修前设计施工断面为矩形，净宽为 5 000 mm，净高为 3 200 mm。巷道变形后净宽为 3 600～4 000 mm，净高为 2 200～2 500 mm。

(2) 巷道断面采用"O"形钢管混凝土支架支护。巷道断面为不规则"O"形，掘宽为 6 200 mm，净宽为 5 600 mm，掘高为 5 700 mm，煤矸充填底板后巷道净高为 4 400 mm。

(3) 永久支护：巷道支护方式为锚网喷＋钢管混凝土支架联合支护。

① 锚杆呈"矩形"布置，拉底扩帮后锚杆均使用 ϕ22 mm×2 400 mm 的高强度左旋无纵筋螺纹钢锚杆，间距为 800 mm，排距为 1 000 mm。托盘采用可调心拱形高强度托盘配减摩垫片，托盘规格为 150 mm×150 mm×10 mm。每根锚杆锚固用 2 卷锚固剂，1 卷 CK2355 型锚固剂(钻孔底部)和 1 卷 K2355 型锚固剂。锚杆扭矩为 300 N·m，锚固力为 150 kN，钢带规格为 400 mm×300 mm×4.5 mm。

② 锚索采用 ϕ21.8 mm×6 000 mm 的注浆锚索，按"五〇五"方式布置，

沿巷道掘进方向每 2 000 mm 布置 1 组，每组 5 根，巷中线处布置 1 根，两侧各布置 2 根，成一排布置，间距为 1 600 mm。锚索垂直于巷道轮廓线，每根锚索锚固用 2 卷锚固剂，1 卷 CK2355 型锚固剂（钻孔底部）和 1 卷 K2355 型锚固剂。锚索预紧力为 200 kN，锚固力为 360 kN。注浆采用 P·O42.5 级水泥，锚索注浆液水灰比为 1∶2，浆液中添加水泥注浆添加剂，掺量为水泥质量的 8%。

③ 铺网：网采用 ϕ6 mm 的钢筋网，规格为 2 000 mm×1 000 mm。

④ 喷浆：支护后对巷道进行喷浆，喷浆设计厚度为 100 mm，喷射混凝土强度等级为 C20。喷浆料体积配比（水泥∶砂子∶石子）为 1∶2∶2，速凝剂掺量为水泥质量的 4%。

⑤ 架设钢管混凝土支架：钢管混凝土支架选用 20 号钢制作的 ϕ194 mm×8 mm 无缝钢管；使用 600 mm 长的套管连接，套管采用 ϕ219 mm×8 mm 的无缝钢管；支架间通过连接杆连接，支架圆周方向每隔 2 000 mm 设置一个连接杆。连接杆由 1 根顶杆和 2 个顶杆托盘组成，将顶杆扣在顶杆托盘上；顶杆长 800 mm，采用 10 号槽钢加工；顶杆托盘长为 100 mm，采用 8 号槽钢加工。

⑥ 钢管支架灌注混凝土：支架安装完成后，使用混凝土输送泵向空钢管支架灌注强度等级为 C40 的混凝土。注浆材料由强度等级为 C40 的混凝土配以高分子添加剂复合而成，已配比好的成品混凝土用袋装，每袋 50 kg。

（4）维修效果：巷道围岩变化过程主要分为快速增加阶段、小幅增加阶段和稳定阶段三个阶段。其中，返修后 20 d 左右巷道围岩开始表现为加速变形阶段；在 20～35 d 为小幅增加阶段；在 35 d 以后处于稳定阶段。从巷道围岩变形角度来看，巷道返修后 2 个月顶板最大下沉量为 41 mm，两帮移近量不超过 72 mm，监测结果表明巷道围岩总体变形较小，支护效果良好。

十采区胶带巷第二段维修断面支护图 2-2-5 详见附录 2。

二、十采区轨道巷断面支护设计

十采区轨道巷施工时共有 2 种断面支护设计方案，维修时有 1 种断面支护设计方案。

（一）第一段半圆拱形：0～1 981 m 范围（合计 1 981 m）

（1）2010 年 9 月 1 日开始施工，以 180°方位角沿 2 号煤层上分层顶板掘进。巷道断面设计为半圆拱形。掘宽为 5 100 mm，净宽为 4 800 mm，掘高为 4 150 mm，净高为 3 900 mm。

（2）支护方式：永久支护采用锚网喷支护。锚杆呈“矩形”布置，顶、帮锚杆均为 ϕ22 mm×2 200 mm 的螺纹钢锚杆，间排距为 800 mm×800 mm，每根螺纹钢锚杆锚固用 2 卷锚固剂，1 卷 K2360 型锚固剂（钻孔底部）和 1 卷 Z2360 型锚固剂。锚杆用 300 mm×275 mm×3 mm 钢带、100 mm×100 mm×8 mm 的碟形冲压托盘叠加安装。网采用 ϕ6 mm 的钢筋网，规格为 2 000 mm×1 000 mm，网格大小为 100 mm×100 mm，喷层厚度为 150 mm。

（3）支护效果：0～1 339 m 段无明显矿压显现，1 339～1 981 m 段矿压显现明显，变形严重，局部变形后宽为 2.0～2.5 m，高为 2.3 m。

十采区轨道巷第一段施工断面支护图 2-2-6 详见附录 2。

（二）第二段矩形：1 981～2 238 m 范围（合计 257 m）

（1）2020 年 3 月开始施工，断面为矩形，掘宽为 5 500 mm，净宽为 5 300 mm，掘高为 3 800 mm，净高为 3 700 mm。

（2）永久支护：十采区轨道巷采用锚网喷联合支护。

① 顶锚杆采用 ϕ22 mm×2 400 mm 的高强度左旋无纵筋螺纹钢锚杆（屈服强度为 500 MPa），均垂直于顶板呈“矩形”布置，间距为 817 mm，排距为 800 mm。顶板钢带规格为 5 200 mm×300 mm×4.5 mm，钢带要密贴顶板不松动。托盘采用可调心拱形高强度托盘配减摩垫片，托盘规格为 150 mm×150 mm×10 mm，承载能力不低于 250 kN。每根锚杆锚固用 2 卷锚固剂，1 卷 CK2355 型锚固剂（钻孔底部）和 1 卷 K2355 型锚固剂。锚杆扭矩为 300 N·m，锚固力为 150 kN。

② 帮锚杆选用 ϕ22 mm×2 400 mm 的高强度左旋无纵筋螺纹钢锚杆（屈服强度为 500 MPa），均垂直于巷帮布置，间距为 750 mm，排距为 800 mm。帮部钢带规格为 400 mm×300 mm×4.5 mm，钢带要密贴巷帮不松劲。每排两帮各施工 5 根锚杆，其中最上一根锚杆距顶板 400 mm。每根锚杆锚固

用 2 卷锚固剂，1 卷 CK2355 型锚固剂（钻孔底部）和 1 卷 K2355 型锚固剂。锚杆扭矩为 300 N·m，锚固力为 150 kN。

③ 顶、帮锚索均采用 ϕ21.8 mm×6 000 mm 的（1×19 股）高强度低松弛预应力钢绞线。顶锚索排距为 1 600 mm，间距为 1 500 mm，帮锚索与顶锚索相互间隔 1 排布置，排距为 1 600 mm，最上一根锚索距顶板 750 mm，与水平线成 15°角布置。施工完锚索后及时用锁具将锚索锁好。锚索预紧力为 200 kN，锚固力为 360 kN。每根锚索锚固用 2 卷锚固剂，1 卷 CK2355 型锚固剂（钻孔底部）和 1 卷 K2355 型锚固剂。

④ 铺网：网采用 ϕ6 mm 的钢筋网，规格为 2 000 mm×850 mm，网格大小为 120 mm×120 mm，要求网长边沿巷道轮廓线铺设，铺网间要搭接 50 mm，环环联扣，扣扣紧锁，锁扣不得低于 3 圈，扣距为 120 mm。

⑤ 喷浆：巷道设计喷层厚度为 100 mm。要求表面平整密实，墙基、钢筋网无裸露。在 1 m 范围内凸凹不大于 50 mm，局部不小于设计规定值的 90%。喷射混凝土强度等级为 C20，喷浆料体积配比（水泥：砂子：石子）为 1：2：2。

（3）支护效果：巷道局部出现底鼓，顶板局部浆皮开裂。底鼓量约为 600 mm，两帮移近量约为 500 mm。

十采区轨道巷第二段施工断面支护图 2-2-7 详见附录 2。

（三）维修施工时断面支护设计：1 339～1 981 m 范围（合计 642 m）

（1）2017 年 3 月开始施工，断面设计为矩形，掘宽为 5 200 mm，净宽为 5 000 mm，掘高为 3 300 mm，净高为 3 200 mm。

（2）永久支护：

① 顶锚杆采用 ϕ22 mm×2 400 mm 的螺纹钢锚杆，间距为 800 mm，排距为 800 mm。顶部两端锚杆与铅垂线成 15°角，其余顶锚杆分别垂直于顶板。每根锚杆锚固用 1 卷 CK2355 型（钻孔底部）和 1 卷 K2355 型锚固剂，用规格（长×宽×厚）为 200 mm×120 mm×10 mm 的托盘和 ϕ120 mm×10 mm 的碟形托盘（角锚杆用斜托）叠加安装。

② 帮锚杆采用 ϕ22 mm×2 400 mm 的螺纹钢锚杆，间距为 800 mm，排

距为 800 mm。两帮部最上一根锚杆与水平线成 15°角，其余帮锚杆分别垂直于两帮。每根锚杆锚固用 1 卷 CK2355 型（钻孔底部）和 1 卷 K2355 型锚固剂，用规格（长×宽×厚）为 200 mm×120 mm×10 mm 的托盘和 ϕ120 mm×10 mm 的碟形托盘叠加安装。

③ 顶锚索采用 ϕ21.6 mm×7 000 mm 的钢绞线，呈“五花形”布置，排距为 1 600 mm，间距为 1 600 mm。每根锚索锚固用 1 卷 CK2355 型（钻孔底部）和 1 卷 K2355 型锚固剂，托盘规格（长×宽×厚）为 300 mm×300 mm×12 mm。

④ 帮锚索采用 ϕ21.6 mm×7 000 mm 的钢绞线，按“二〇二”方式布置。锚索每 1 600 mm 布置 1 组，最上一根锚索距顶板 800 mm，与水平线成 15°角布置。每根锚索锚固用 1 卷 CK2355 型（钻孔底部）和 1 卷 K2355 型锚固剂，托盘规格（长×宽×厚）为 300 mm×300 mm×12 mm。

⑤ 网采用 ϕ6 mm 的钢筋网，规格为 2 000 mm×1 000 mm。设计喷层厚度为 100 mm，基础厚度为 100 mm。喷射混凝土强度等级为 C20。

（3）支护效果：巷道局部出现底鼓，顶板局部浆皮开裂。底鼓量约为 300 mm，两帮移近量约为 200 mm。

十采区轨道巷维修断面支护图 2-2-8 详见附录 2。

三、十采区回风巷断面支护设计

十采区回风巷施工时共有 3 种断面支护设计方案，维修时有 1 种断面支护设计方案。

（一）第一段半圆拱形：0～1 152 m 范围（合计 1 152 m）

（1）2010 年 8 月 1 日开始从十采区集中回风巷内 F14 点东 45 m（平距）开始以 180°方位沿 2 号煤层顶板掘进。巷道断面设计为半圆拱形，掘宽为 5 040 mm，净宽为 4 800 mm，掘高为 4 020 mm，净高为 3 900 mm。

（2）支护方式：十采区回风巷的永久支护采用锚网喷支护。锚杆呈“矩形”布置，顶锚杆为 ϕ22 mm×2 200 mm 的螺纹钢锚杆，帮锚杆为 ϕ16 mm×1 800 mm 的圆钢锚杆，间排距为 800 mm×800 mm。每根螺纹钢锚杆用 2 卷锚固剂，1 卷 CK2355 型锚固剂（钻孔底部）和 1 卷 Z2355 型锚固剂；每根圆钢锚杆用1卷Z2355型锚固剂。锚杆用300 mm×275 mm×3 mm钢带、100 mm×100 mm×8 mm的碟形冲压托盘叠加安装，钢带要紧贴壁面不松动。网采用ϕ6 mm的钢筋网，规格为2 000 mm×1 000 mm，网格大小为150 mm×150 mm，要求网长边沿巷道轮廓线铺设，铺网间要搭接一格，环环联扣，扣扣紧锁，锁扣不得低于3圈。喷浆料体积配比(水泥∶砂∶石子)为1∶2∶2，喷层厚度为120 mm。

(3) 支护效果：十采区回风巷受高应力影响，存在不同程度变形，局部存在浆皮开裂、离层现象。巷道变形后宽为4.2～4.5 m，高为3.2～3.8 m。

十采区回风巷第一段施工断面支护图2-2-9详见附录2。

(二) 第二段矩形：1 152～2 009 m范围(合计857m)

(1) 2017年3月开始施工，巷道以180°方位角掘进。断面设计为矩形，掘宽为4 700 mm，净宽为4 500 mm，掘高为3 100 mm，净高为3 000 mm。

(2) 永久支护：

① 顶锚杆用ϕ22 mm×2 200 mm的左旋无纵筋螺纹钢锚杆，间距为800 mm，排距为800 mm，扭矩为200 N·m。两端的2根顶锚杆为角锚杆，与铅垂线成15°角，其余均垂直于顶板，呈"矩形"布置。锚杆用钢带、托盘叠加安装，钢带要密贴顶板不松动。每根顶锚杆用2卷锚固剂，1卷CK2355型锚固剂(钻孔底部)和1卷K2355型锚固剂。

② 帮锚杆选用ϕ16 mm×1 800 mm的圆钢锚杆，两帮每排各安装3根锚杆，锚杆间距为1 000 mm、排距为800 mm，其中最上一排锚杆距顶板500 mm，均垂直于巷帮，呈"矩形"布置，扭矩为200 N·m。锚杆用300 mm×275 mm×3 mm的钢带、托盘叠加安装，钢带要密贴巷帮不松动。每根锚杆锚固用2卷锚固剂，1卷CK2335型锚固剂(钻孔底部)和1卷K2335型锚固剂。当巷道两帮最下一根锚杆距底板超过1 000 mm时需补打1根锚杆。

③ 锚索选用ϕ21.8 mm×6 000 mm的钢绞线。顶锚索沿巷道掘进方向垂直于顶板布置，每1 600 mm布置1组，每组5根。第一排分别布置在距巷道中心线各800 mm处，第二排布置在巷道中心线处，另外2根布置在距巷道中心线1 600 mm处。施工完锚索后及时用锁具将锚索锁好。锚索预

紧力为 140 kN。每根锚索锚固用 2 卷锚固剂，1 卷 CK2355 型锚固剂(钻孔底部)和 1 卷 K2355 型锚固剂。

④ 网采用 ϕ6 mm 的钢筋网，规格为 2 000 mm×1 000 mm。设计喷层厚度为 100 mm，喷射混凝土强度等级为 C20。

(3) 支护效果：支护后 1～2 a 内，巷道围岩变形严重，变形后巷道净宽为 3.2～4.3 m，净高为 2.2～2.5 m。

十采区回风巷第二段施工断面支护图 2-2-10 详见附录 2。

(三) 第三段"O"形：2 009～2 299 m 范围(合计 290 m)

(1) 2021 年 11 月开始施工，采用"O"形钢管混凝土支架支护。巷道断面为不规则"O"形，掘宽为 6 200 mm，净宽为 5 600 mm，掘高为 5 700 mm，煤矸充填底板后巷道净高为 4 400 mm。

(2) 永久支护：巷道支护方式为锚网喷＋钢管混凝土支架联合支护。

① 锚杆呈"矩形"布置，起底扩帮后锚杆均使用 ϕ22 mm×2 400 mm 的高强度左旋无纵筋螺纹钢锚杆，间距为 800 mm，排距为 1 000 mm。托盘采用可调心拱形高强度托盘配减摩垫片，托盘规格为 150 mm×150 mm×10 mm。每根锚杆锚固用 2 卷锚固剂，1 卷 CK2355 型锚固剂(钻孔底部)和 1 卷 K2355 型锚固剂。锚杆扭矩为 300 N·m，锚固力为 150 kN，钢带规格为400 mm×300 mm×4.5 mm。

② 锚索采用 ϕ21.8 mm×6 000 mm 的注浆锚索，按"五〇五"方式布置，沿巷道掘进方向每 2 000 mm 布置 1 组，每组 5 根，巷中线处布置 1 根，两侧各布置 2 根，成一排布置，间距为 1 600 mm。锚索垂直于巷道轮廓线，每根锚索锚固用 2 卷锚固剂，1 卷 CK2355 型锚固剂(钻孔底部)和 1 卷 K2355 型锚固剂。锚索预紧力为 200 kN，锚固力为 360 kN。注浆采用 P·O42.5 级水泥，锚索注浆液水灰比为 1∶2，浆液中添加水泥注浆添加剂，掺量为水泥质量的 8%。

③ 铺网：网采用钢筋网，规格为 ϕ6 mm×2 000 mm×1 000 mm。

④ 喷浆：支护后对巷道进行喷浆，喷浆设计厚度为 100 mm，喷射混凝土强度等级为 C20。喷浆料体积配比(水泥∶砂子∶石子)为 1∶2∶2，速凝剂

掺量为水泥质量的4%。

⑤ 架设钢管混凝土支架：钢管混凝土支架选用20号钢制作的ϕ194 mm×8 mm的无缝钢管。使用600 mm长的套管连接，套管采用ϕ219 mm×8 mm的无缝钢管；支架间通过连接杆连接，支架圆周方向每隔2 000 mm设置1个连接杆。连接杆由1根顶杆和2个顶杆托盘组成，将顶杆扣在顶杆托盘上；顶杆长800 mm，采用10号槽钢加工；顶杆托盘长100 mm，使用8号槽钢加工。

⑥ 钢管支架灌注混凝土：支架安装完成后，使用混凝土输送泵向空钢管灌注强度等级为C40的混凝土。注浆材料由强度等级为C40的混凝土配比高分子添加剂复合而成，已配比好的成品混凝土用袋装，每袋50 kg。

(3) 支护效果：施工结束后，通过1 a的巷道围岩观察，巷道变形量为10～50 mm范围，总体在可控变形范围之内，支护有效可靠。

十采区回风巷第三段施工断面支护图2-2-11详见附录2。

(四) 维修施工时断面支护设计：1 278～1 788 m范围(合计510 m)

(1) 2022年2月开始维修，断面为矩形，掘宽为4 900 mm，净宽为4 800 mm，掘高为3 500 mm，净高为3 400 mm。

(2) 永久支护：

① 采用锚网喷支护。

锚杆呈"矩形"布置，扩刷部分支护锚杆均使用ϕ22 mm×2 400 mm的高强度左旋无纵筋螺纹钢锚杆。托盘采用可调心拱形高强度托盘配减摩垫片，托盘规格为150 mm×150 mm×10 mm。每根锚杆锚固用2卷锚固剂，1卷CK2355型锚固剂(钻孔底部)和1卷K2355型锚固剂。锚杆扭矩为300 N·m，锚固力为150 kN，钢带规格为400 mm×300 mm×4.5 mm。顶锚杆每排施工2根，第一根距帮300 mm，第二根距帮1 100 mm；帮锚杆间距为800 mm，最上一排距顶500 mm，排距为800 mm。

锚索采用注浆锚索。顶锚索使用ϕ21.8 mm×5 200 mm的注浆锚索，每排施工1根，距巷帮800 mm，排距为800 mm；帮锚索使用ϕ21.8 mm×4 200 mm的注浆锚索，2根注浆锚索组成1组，每隔1 600 mm布置1组，其中第一排布置 1 根锚索，距顶 900 mm，第二排布置 1 根锚索，距顶 1 700 mm。帮锚索施工与水平线成 15°夹角。

② 铺网：网采用 ϕ6 mm 的钢筋网，规格为 2 000 mm×1 000 mm。

③ 喷浆：支护后对巷道进行喷浆，喷浆设计厚度为 100 mm，喷射混凝土强度等级为 C20。喷浆料体积配比(水泥：砂子：石子)为 1：2：2，速凝剂掺量为水泥质量的 4%。

(3) 支护效果：维修后半年内，巷道维修侧无明显变形，但在十采区胶带巷维修后，巷道发生底鼓 500～800 mm、帮鼓 400 mm，局部浆皮开裂。主要原因是受十采区胶带巷维修扰动影响，虽然胶带巷使用了钢管混凝土支架支护，但维修过程中的扰动应力作用于十采区回风巷，导致巷道变形。

十采区回风巷维修断面支护图 2-2-12 详见附录 2。

四、十采区王家庄风井排水绕道断面支护设计

(1) 2021 年 9 月开始施工。断面设计为矩形，掘宽为 5 500 mm，净宽为 5 300 mm；掘高为 3 900 mm，净高为 3 800 mm。

(2) 永久支护：十采区王家庄风井排水绕道采用锚杆、锚索及喷浆联合支护。

① 顶锚杆采用 ϕ22 mm×2 400 mm 的高强度左旋无纵筋螺纹钢锚杆(屈服强度为 500 MPa)，均垂直于顶板呈“矩形”布置，间距为 1 000 mm，排距为 1 000 mm，采用锚杆配合可调心拱形高强度托盘配球形垫圈、减摩垫圈叠加安装。托盘规格为 150 mm×150 mm×10 mm，承载能力不低于 250 kN。每根锚杆锚固用 2 卷锚固剂，1 卷 CK2355 型锚固剂(钻孔底部)和 1 卷 K2355 型锚固剂。锚杆扭矩为 300 N·m，锚固力为 150 kN。

② 帮锚杆选用 ϕ22 mm×2 400 mm 的高强度左旋无纵筋螺纹钢锚杆(屈服强度为 500 MPa)，均垂直于巷帮布置，间距为 750 mm，排距为 1 000 mm，采用锚杆配合可调心拱形高强度托盘配球形垫圈、减摩垫圈叠加安装。每排两帮各施工 5 根锚杆，其中最上一根锚杆距顶板 400 mm，每根锚杆锚固用 2 卷锚固剂，1 卷 CK2355 型锚固剂(钻孔底部)和 1 卷 K2355 型锚固剂。锚杆扭矩为 300 N·m，锚固力 150 kN。

③ 顶锚索采用 ϕ21.8 mm×6 000 mm(1×19 股)的高强度低松弛预应力钢绞线,按"二〇三〇"方式布置。沿巷道掘进方向每 4 000 mm 布置 1 组,每组 5 根,间距为 1 500 mm;第一排距巷道中线两端 750 mm 处各布置 1 根,第三排在巷道正顶布置 1 根,距巷道中线两端 1 500 mm 处各布置 1 根,顶锚索垂直于巷道顶板。帮锚索采用 ϕ21.8 mm×5 000 mm(1×19 股)的高强度低松弛预应力钢绞线,呈"矩形"布置,与顶锚索错开一排布置,其中最上一根锚索距顶板 750 mm,与水平线成 15°角布置,帮锚索间距为 1 500 mm、排距为 2 000 mm,选用规格为 300 mm×300 mm×14 mm 的可调心拱形高强度锚索托盘配球形垫圈叠加安装。锚索预紧力为 200 kN,锚固力为 360 kN。每根顶锚索锚固用 3 卷锚固剂,1 卷 CK2355 型锚固剂(钻孔底部)和 2 卷 K2355 型锚固剂;每根帮锚索锚固用 2 卷锚固剂,1 卷 CK2355 型锚固剂(钻孔底部)和 1 卷 K2355 型锚固剂。

④ 铺网:网采用 ϕ6 mm 的钢筋网,规格为 2 000 mm×1 100 mm,网格大小为 100 mm×100 mm。

⑤ 喷浆:巷道设计喷层厚度为 100 mm,基础厚度为 100 mm。喷射混凝土强度等级为 C20。

(3) 支护效果:施工结束后,通过 1 a 的巷道围岩变形量监测,两帮和底板变形较小,且总体在可控变形范围之内,支护有效可靠。

十采区王家庄风井排水绕道断面支护图 2-2-13 详见附录 2。

五、十采区+700 m 胶带巷断面支护设计

(一) +700 m 胶带巷概况

+700 m 胶带巷位于水峪煤业十采区,在太原组 9 号煤层中掘进,地面标高为+862~+983 m,工作面标高为+700~+730 m。煤层平均厚度为 1.5 m,煤层结构复杂,煤层倾角为 6°~12°,平均倾角为 8°;直接顶为石灰岩,厚度为 1.5~2.0 m,坚硬,裂隙溶洞发育;基本顶为石灰岩,厚度为 8.5 m;直接底为泥岩,厚度为 0.7 m。

+700 m 胶带巷从东集中煤库顶以 108°方位角按标高沿 9 号煤层顶板掘进 799 m,再以 172°方位角掘进2 496 m 至设计煤库下方停掘。

（二）断面支护设计

（1）2010 年 12 月开始施工，巷道沿 9 号煤层底板掘进。巷道断面设计为半圆拱形。掘宽为 5 040 mm，净宽为 4 800 mm；掘高为 3 920 mm，净高为 3 800 mm。

（2）永久支护：＋700 m 胶带巷的永久支护采用锚网喷支护。锚杆呈“矩形”布置，间排距为 800 mm×800 mm，喷层厚度为 120 mm。顶锚杆施工 9 根，使用 ϕ22 mm×2 200 mm 的螺纹钢锚杆，每根锚杆锚固使用 2 卷锚固剂，1 卷 K2355 型锚固剂（钻孔底部）和 1 卷 Z2355 型锚固剂；托盘规格为 150 mm×150 mm×10 mm，承载能力不低于 250 kN；顶锚杆扭矩为 300 N · m，锚固力为 150 kN。帮锚杆选用 ϕ22 mm×2 200 mm 的螺纹钢锚杆（屈服强度为 500 MPa），均垂直于巷帮布置，间排距为 800 mm×800 mm。每排两帮各施工 2 根锚杆，每根锚杆锚固使用 2 卷锚固剂，1 卷 K2355 型（钻孔底部）锚固剂，1 卷 Z2355 型锚固剂。帮锚杆扭矩为 150 N · m，锚固力为 90 kN。

（3）铺网：巷道采用 ϕ6 mm 的钢筋网铺设，网规格为 1 600 mm×800 mm，要求网长边沿巷道轮廓线铺设，铺网形式为对接。

（4）喷浆：喷浆料体积配比（水泥：砂子：石子）为 1：2：2，喷层厚度为 120 mm。

十采区＋700 m 胶带巷断面支护图 2-2-14 详见附录 2。

六、十采区＋700 m 轨道巷断面支护设计

（一）＋700 m 轨道巷概况

＋700 m 轨道巷位于水峪煤业十采区，在太原组 9 号煤层中掘进，地面标高为＋912～＋1 045 m。煤岩层结构较为复杂，煤层倾角为 0°～18°，平均倾角为 11°。

＋700 m 轨道巷与井田边界留 30 m 净煤柱，其东侧为七采区井田边界，北侧为七采区材料巷和胶带巷。＋700 m 轨道巷从＋700 m 轨道巷 Y2 点开始按 108°方位以 3.5‰上山掘进。

巷道断面设计为半圆拱形。掘宽为 4 440 mm，净宽为 4 200 mm，掘高

为 3 820 mm,净高为 3 600 mm。

(二) 永久支护

(1) 正常情况下掘进机割完一个循环以后,必须及时进行锚杆和挂网支护。

(2) +700 m 轨道巷的永久支护采用锚网喷支护。顶、帮锚杆均呈“矩形”布置;喷层厚度为 120 mm。顶锚杆施工 6 根,采用 ϕ22 mm×2 200 mm 的螺纹钢锚杆,间排距为 1 000 mm×800 mm;每根锚杆锚固用 2 卷锚固剂,1 卷 K2355 型锚固剂(钻孔底部)和 1 卷 Z2355 型锚固剂;顶锚杆扭矩为 300 N·m,锚固力为 150 kN。帮锚杆选用 ϕ16 mm×1 800 mm 的圆钢锚杆,均垂直于巷帮布置,间排距为 1 000 mm×800 mm;每排两帮各施工 2 根锚杆,每根锚杆锚固用 2 卷锚固剂,1 卷 K2355 型锚固剂(钻孔底部)和 1 卷 Z2355 型锚固剂;帮锚杆扭矩为 150 N·m,锚固力为 90 kN。

(3) 铺网:巷道采用 ϕ6 mm 的钢筋网铺设,网规格为 1 600 mm×800 mm,要求网长边沿巷道轮廓线铺设,铺网形式为对接。

(4) 喷浆:喷浆料体积配比(水泥∶砂子∶石子)为 1∶2∶2,喷层厚度为 120 mm。

十采区+700 m 轨道巷断面支护图 2-2-15 详见附录 2。

七、十采区集中轨道巷断面支护设计

(一) 十采区集中轨道巷概况

十采区集中轨道巷位于水峪煤业十采区,沿山西组 2 号煤层顶板掘进,顶板为砂质泥岩或砂岩,底板为煤或泥岩,煤层结构简单。地面标高为+962~+1 013 m,工作面标高为+405~+696 m,盖山厚度为 317~557 m。煤层平均厚度为 1.85 m,煤层结构复杂,煤层倾角为 8°~14°,平均倾角为 10°。直接顶为厚 1.6 m 的砂质泥岩,性脆,节理发育;基本顶为厚 4.7 m 的中砂岩,厚层状,坚硬;直接底为厚 0.9 m 的泥岩;基本底为厚 2.2 m 的砂质页岩,厚层状,坚硬。

十采区集中轨道巷方位为正东向,北邻东区集中胶带巷,南部为实体煤。十采区集中轨道巷掘进方位角为 90°。

（二）断面支护设计

（1）2009 年 3 月开始，从十采区集中轨道巷内 Q1 点东 20 m 开始以 90°方位角沿 2 号煤层顶板掘进至一采区边界。巷道断面设计为半圆拱形。掘宽为 4 440 mm，净宽为 4 200 mm，掘高为 3 820 mm，净高为 3 600 mm。

（2）支护方式：永久支护采用锚网喷支护。锚杆呈"矩形"布置，顶锚杆为 ϕ22 mm×2 200 mm 的螺纹钢锚杆，帮锚杆为 ϕ16 mm×1 800 mm 的圆钢锚杆，间排距为 1 000 mm×800 mm。每根螺纹钢锚杆锚固用 2 卷锚固剂，1 卷 CK2355 型锚固剂（钻孔底部）和 1 卷 Z2355 型锚固剂；每根圆钢锚杆锚固用 1 卷 Z2355 型锚固剂。

（3）铺网：网采用 ϕ6 mm 的钢筋网，规格为 2 000 mm×1 000 mm，网格大小为 100 mm×100 mm，要求网长边沿巷道轮廓线铺设，铺网间要搭接 1 格，环环联扣，扣扣紧锁，锁扣不得低于 3 圈。

（4）喷浆：喷浆料体积配比（水泥：砂子：石子）为 1：2：2，喷层厚度为 120 mm，喷射混凝土强度等级为 C20。

（三）支护效果

十采区集中轨道巷围岩整体变形较小，局部经过维修套棚，支护效果总体可靠。

十采区集中轨道巷断面支护图 2-2-16 详见附录 2。

八、十采区集中胶带巷断面支护设计

（一）十采区集中胶带巷概况

十采区集中胶带巷位于水峪煤业十采区，2009 年 3 月开始从 P1 点处以 90°方位角沿 15°下山掘进至边界，地面标高为＋962～＋1 013 m，工作面标高为＋405～＋696 m，盖山厚度为 317～557 m。十采区集中胶带巷方位为正东向，北邻十采区集中回风巷，南邻十采区集中轨道巷，东部为实体煤。十采区集中胶带巷掘进总长度为 1 603 m。

（二）断面支护设计

（1）2009 年 3 月 1 日开始施工，巷道断面设计为半圆拱形。掘宽为

5 040 mm,净宽为 4 800 mm,掘高为 3 920 mm,净高为 3 800 mm。

(2) 支护方式:永久支护采用锚网喷支护。锚杆呈“矩形”布置,顶锚杆为 ϕ22 mm×2 200 mm 的螺纹钢锚杆,帮锚杆为 ϕ16 mm×1 800 mm 的圆钢锚杆,间排距为 800 mm×800 mm。每根螺纹钢锚杆锚固用 2 卷锚固剂,1 卷 CK2355 型锚固剂(钻孔底部)和 1 卷 Z2355 型锚固剂;每根圆钢锚杆锚固用 2 卷 Z2355 型锚固剂。锚杆扭矩为 210 N·m,锚固力为 100 kN。锚杆用规格(长×宽×厚)为 200 mm×120 mm×10 mm 的托盘和 ϕ120 mm×10 mm 的碟形托盘叠加安装。当巷道两帮最下一根锚杆距底板超过 1 000 mm 时需补打 1 根锚杆。

(3) 铺网:网采用 ϕ6 mm 的钢筋网,规格为 2 000 mm×1 000 mm,网格大小为 100 mm×100 mm,要求网长边沿巷道轮廓线铺设,铺网间要搭接 1 格,环环联扣,扣扣紧锁,锁扣不得低于 3 圈。

(4) 喷浆:喷浆料体积配比(水泥:砂子:石子)为 1:2:2,喷层厚度为 120 mm,喷射混凝土强度等级为 C20。

(三) 支护效果

十采区集中胶带巷围岩变形量较小,局部地段有浆皮开裂,采取了锚杆和锚索补强支护措施,总体支护效果较好。

十采区集中胶带巷断面支护图 2-2-17 详见附录 2。

九、十采区集中回风巷断面支护设计

(一) 十采区集中回风巷概况

十采区集中回风巷位于水峪煤业十采区,该巷道沿山西组 2 号煤层顶板掘进,煤层平均厚度为 1.85 m,顶板为砂质泥岩或砂岩,底板为煤或泥岩,煤层结构简单,煤层倾角为 8°～14°,平均倾角为 10°。地面标高为+962～+1 013 m,工作面标高为+405～+696 m,盖山厚度为 317～557 m。十采区集中回风巷西起上令狐压神沟附近,北距上令狐村约 620 m,东到下智峪村约 1 600 m,南距阳头庄村约 900 m。该巷道方位为正东向,南邻十采区集中胶带巷,北部为实体煤。十采区集中回风巷总长度为 1 217 m。

掘进区段内总体为一单斜构造，走向近南北向，倾向东，煤层倾角为 10°左右，区段内无大的断层。

水文地质情况：由于本巷道沿 2 号煤层掘进，2 号煤层顶部有多层砂岩含水层，掘进中，遇裂隙发育处会有小的滴水或淋水出现，水量为 0.5～2.0 m^3/h，掘进方向为下山。

（二）断面支护设计

(1) 2008 年 4 月 1 日开始从十采区集中回风巷内 F1 点东 2 m 开始以 90°方位 15°下山掘进至 2 号煤层，然后沿 2 号煤层顶板掘进至采区边界。巷道断面设计为半圆拱形。掘宽为 4 440 mm，净宽为 4 200 mm，掘高为 3 720 mm，净高为 3 600 mm。

(2) 支护方式：永久支护采用锚网喷支护。锚杆呈"矩形"布置，顶锚杆为 ϕ22 mm×2 200 mm 的螺纹钢锚杆，帮锚杆为 ϕ16 mm×1 800 mm 的圆钢锚杆，间排距为 800 mm×800 mm。每根螺纹钢锚杆锚固用 2 卷锚固剂，1 卷 CK2355 型锚固剂（钻孔底部）和 1 卷 Z2355 型锚固剂；每根圆钢锚杆用 1 卷 Z2355 型锚固剂。锚杆扭矩为 210 N·m，锚固力为 100 kN。锚杆用规格（长×宽×厚）为 200 mm×120 mm×10 mm 的托盘和 ϕ120 mm×10 mm 的碟形托盘叠加安装。当巷道两帮最下一根锚杆距底板超过 1 000 mm 时需补打 1 根锚杆。

(3) 铺网：网采用 ϕ6 mm 的钢筋网，规格 2 000 mm×1 000 mm，网格大小为 100 mm×100 mm，要求网长边沿巷道轮廓线铺设，铺网间要搭接 1 格，环环联扣，扣扣紧锁，锁扣不得低于 3 圈。

(4) 喷浆：喷浆料体积配比（水泥：砂子：石子）为 1：2：2，喷层厚度为 120 mm，喷射混凝土强度等级为 C20。

（三）支护效果

十采区集中回风巷围岩变形量较小，局部地段有浆皮开裂，采取了锚杆补强支护措施，支护效果总体可靠。

十采区集中回风巷断面支护图 2-2-18 详见附录 2。

十、十采区10219运输巷、材料巷、开切眼断面支护设计

（一）十采区10219运输巷断面支护设计

1. 10219运输巷概况

10219运输巷位于水峪煤业十采区，在山西组2号煤层中掘进，地面标高为＋969～＋1 063 m，工作面标高为＋326～＋365 m。沿2号煤层顶板掘进，煤层平均厚度为2.3 m，煤层结构复杂，煤层倾角为8°～18°，平均倾角为11°。直接顶为厚1.6 m的砂质泥岩，性脆，节理发育；基本顶为厚4.7 m的中砂岩，厚层状，坚硬；直接顶为厚0.6 m的泥岩；基本底为厚2.2 m的砂质泥岩，层状，性脆。

该工作面东邻十采区三条大巷，西邻井田边界，北邻10211工作面（未采），南部为实体煤。10219运输巷总长度为836 m，方位角为244°。

2. 断面支护设计

（1）10219运输巷于2018年8月下旬开始施工，先沿十采区轨道巷RC22点处以229°方位角平掘6 m，然后以10.2°上山掘进33.4 m后，通过十采区胶带巷上方施工溜煤眼，继续向前平掘39 m通过十采区回风巷上方；然后以10°下山，继续掘进47.74 m到达2号煤层，以2号煤层上分层顶板作顶掘进运输巷836 m。巷道断面设计为梯形。掘宽为4 500 mm，净宽为4 300 mm，掘高为3 000 mm，净高为2 900 mm。

（2）支护方式：10219运输巷采用锚网支护。顶锚杆选用ϕ22 mm×2 400 mm的左旋无纵筋螺纹钢锚杆，间距为800 mm，排距为1 000 mm，扭矩为300 N・m。顶板钢带规格（长×宽×厚）为4 200 mm×275 mm×3 mm，位于钢带两端的两根顶锚杆为角锚杆，与巷道顶板垂线成15°角，其余均垂直于顶板呈“矩形”布置。锚杆用钢带、托盘叠加安装，钢带要密贴顶板不松动。每根顶锚杆锚固用2卷锚固剂，1卷CK2355型锚固剂（钻孔底部）和1卷K2355型锚固剂。帮锚杆选用ϕ16 mm×1 800 mm的左旋无纵筋螺纹钢锚杆，其中煤柱帮施工3根锚杆，回采帮施工4根锚杆，两帮锚杆的间距均为900 mm，排距均为1 000 mm，其中最上一排锚杆距顶板

500 mm,均垂直于巷帮呈“矩形”布置,扭矩为 300 N·m。锚杆用 300 mm×275 mm×3 mm 的钢带和托盘叠加安装,钢带要密贴巷帮不松动。每根锚杆锚固用 2 卷锚固剂,1 卷 CK2335 型锚固剂(钻孔底部)和 1 卷 K2335 型锚固剂。当巷道两帮最下一根锚杆距底板超过 1 000 mm 时需补打 1 根锚杆。

锚索选用规格为 ϕ21.6 mm×4 500 mm 钢绞线。顶锚索沿巷道掘进方向垂直顶板布置,每隔 2 000 mm 布置 1 组,每组 2 根,分别布置在距巷道顶板中线两侧 750 mm 处。帮锚索沿巷道掘进方向每隔 2 000 mm 布置 1 组,在两帮各施工 1 根,与水平线夹角为 15°,施工完锚索后及时用锁具将锚索锁好。锚索预紧力为 200 kN。每根锚索锚固用 2 卷锚固剂,1 卷 CK2355 型锚固剂(钻孔底部)和 1 卷 K2355 型锚固剂。

十采区 10219 运输巷断面支护图 2-2-19 详见附录 2。

(二)十采区 10219 材料巷施工断面支护设计

1. 10219 材料巷概况

10219 材料巷位于水峪煤业十采区,沿 2 号煤层顶板掘进,地面标高为 +969～+1 063 m,工作面标高为 +326～+365 m。煤层平均厚度为 2.3 m,煤层结构复杂,煤层倾角为 8°～18°,平均倾角为 11°。直接顶为厚 1.6 m 的砂质泥岩,性脆,节理发育;基本顶为厚 4.7 m 的中砂岩,厚层状,坚硬;直接顶为厚 0.6 m 的泥岩;基本底为厚 2.2 m 的砂质泥岩,层状,性脆。

该工作面东邻十采区三条大巷,西邻井田边界,北邻 10211 工作面(未采),南部为实体煤。10219 材料巷总长度为 956 m,方位角为 229°。

2. 断面支护设计

(1) 10219 材料巷先沿十采区轨道巷 S2 点处以 229°方位角平掘 6 m;然后以 19.5°上山掘进 33.4 m 后通过十采区胶带巷上方施工溜煤眼,继续向前平掘 39 m 通过十采区回风巷上方;最后平掘 13.5 m 到达 2 号煤层,并以 2 号煤层顶板掘进材料巷 956 m。巷道断面设计为梯形。掘宽为 4 500 mm,净宽为 4 300 mm,掘高为 3 000 mm,净高为 2 900 mm。

(2) 支护方式:10219 材料巷采用锚网支护。

顶锚杆选用 ϕ22 mm×2 400 mm 的左旋无纵筋螺纹钢锚杆,间距为

800 mm,排距为 1 000 mm,扭矩为 300 N·m。顶板钢带规格(长×宽×厚)为 4 200 mm×275 mm×3 mm,位于钢带两端的两根顶锚杆为角锚杆,与巷道顶板垂线夹角为 15°,其余均垂直于顶板并呈“矩形”布置。锚杆用钢带、托盘叠加安装,钢带要密贴顶板不松动。每根顶锚杆锚固用 2 卷锚固剂,1 卷 CK2355 型锚固剂(钻孔底部)和 1 卷 K2355 型锚固剂。帮锚杆选用 ϕ16 mm×1 800 mm 的圆钢锚杆,其中回采帮施工 3 根锚杆,煤柱帮施工 4 根锚杆,两帮锚杆的间距均为 900 mm,排距均为 1 000 mm,其中最上一排锚杆距顶板 500 mm,均垂直于巷帮并呈“矩形”布置,扭矩为 300 N·m。锚杆用 300 mm×275 mm×3 mm 的钢带和托盘叠加安装,钢带要密贴巷帮不松动。每根锚杆锚固用 2 卷锚固剂,1 卷 CK2335 型锚固剂(钻孔底部),1 卷 K2335 型锚固剂。当巷道两帮最下一根锚杆距底板超过 1 000 mm 时需补打 1 根锚杆。

锚索选用规格为 ϕ21.6 mm×4 500 mm 的钢绞线。顶锚索沿巷道掘进方向垂直于顶板布置,每隔 2 000 mm 布置 1 组,每组 2 根,分别布置在距巷道顶板中线 750 mm 处。帮锚索沿巷道掘进方向每隔 2 000 mm 布置 1 组,在两帮各施工 1 根,距顶板 500 mm,与水平线夹角为 15°,施工完锚索后及时用锁具将锚索锁好。锚索预紧力为 200 kN。每根锚索锚固用 2 卷锚固剂,1 卷 CK2355 型锚固剂(钻孔底部)和 1 卷 K2355 型锚固剂。

十采区 10219 材料巷施工断面支护图 2-2-20 详见附录 2。

(三) 十采区 10219 材料巷维修断面支护设计

(1) 维修后巷道断面为矩形。掘宽为 5 400 mm,净宽为 5 200 mm;掘高为 3 200 mm,净高为 3 100 mm。

(2) 支护方式:

① 非架棚段的支护方式:采用锚杆和锚索支护。

顶、帮锚杆均采用 ϕ22 mm×2 400 mm 的高强度左旋无纵筋螺纹钢锚杆(屈服强度为 500 MPa)。顶板锚杆每排施工 2 根,均垂直于顶板并呈“矩形”布置,最右侧锚杆距右帮(扩帮侧)为 400 mm,锚杆间距为 900 mm,排距为 800 mm。帮锚杆间距为 900 mm,其中最上一根距顶板500 mm,排距为 800 mm。钢带规格为 400 mm×300 mm×4.5 mm;托盘采用可调心拱形高强度托盘配减摩垫片，托盘规格为 150 mm×150 mm×10 mm。每根锚杆锚固用 2 卷锚固剂，1 卷 CK2355 型锚固剂（钻孔底部）和 1 卷 K2355 型锚固剂。锚杆扭矩为 300 N·m。

顶、帮锚索均选用规格为 ϕ21.8 mm（1×19 股）的高强度低松弛预应力钢绞线，顶锚索长度为 7 000 mm，帮锚索长度为 4 000 mm。顶锚索沿巷道掘进方向每排施工 1 根，距巷道右帮 900 mm，排距为 1 600 mm。帮锚索每隔 1 600 mm 布置 1 组，其中第一排布置 1 根锚索，距顶板 900 mm，第二排布置 1 根锚索，距顶板 1 700 mm。托盘采用可调心拱形高强度托盘，托盘规格为 300 mm×300 mm×14 mm。施工完锚索后及时用锁具将锚索锁好。每根锚索锚固用 2 卷锚固剂，1 卷 CK2355 型锚固剂（钻孔底部）和 1 卷 K2355 型锚固剂。锚索预紧力为 200 kN。

② 架棚段的支护方式：

回采前，首先采用 2 根规格为 ϕ22 mm×2 400 mm 的高强锚杆（屈服强度 500 MPa）配合卡缆，将棚梁与顶板进行联锁。联锁位置在距扩帮侧梁头 300 mm 处。

每循环割煤后，首先进行锚杆和锚索支护（参照非架棚段支护参数）。

采用上净口为 4.5 m 的 U29 型钢棚，棚距为 800 mm，只勾顶不盘帮。棚梁上方铺设 6 块勾木板，勾木板规格（长×宽×厚）为 1 200 mm×130 mm×50 mm。采用前探梁作为临时支护（用 15 环挂 3 寸水管，水管长 6 m），水管距梁端 1.3 m。棚腿搭接 600 mm，卡缆距两边 100 mm，两卡缆必须同时紧固。棚腿要支在实底上，严禁加重楔、重帽，及时在两架棚子之间安装 2 根金属拉杆，勾木用木楔打紧背牢。

十采区 10219 材料巷维修断面支护图 2-2-21 详见附录 2。

（四）十采区 10219 开切眼施工断面支护设计

1. 10219 开切眼概况

开口位置及方法：Y18 点前 54.75 m（开切眼中线），以 319°方位角沿 2 号煤层顶板作顶掘进开切眼。开切眼长度为 160 m，断面为矩形。掘宽为 6 500 mm，净宽为 6 300 mm，掘高为 2 800 mm，净高为 2 700 mm。

2. 断面支护设计

支护方式:开切眼内采用锚网+Ⅱ型梁+单体支柱联合支护。先以 3.9 m 宽的小断面掘进落山侧,支护完顶、帮后,二次扩刷工作面侧且两侧掘进错差不大于 5 m,超前小断面内不得有人作业。

一次施工时,顶锚杆与 3.7 m 长的钢带搭接安装;二次扩刷时,顶锚杆和 2.85 m 长的钢带搭接安装,搭接处先不施工锚杆,待施工搭接钢带时施工锚杆。位于巷道顶板两端的 2 根锚杆为角锚杆,与铅垂线夹角为 15°,其余锚杆均垂直于顶板,间距为 750 mm,排距为 800 mm,扭矩为 300 N·m。顶锚杆用钢带、托盘叠加安装,钢带要密贴顶板不松动。每根顶锚杆用 2 卷锚固剂,1 卷 CK2355 型锚固剂(钻孔底部)和 1 卷 K2355 型锚固剂。

帮锚杆沿掘进方向,两帮每排各施工 3 根锚杆,间距为 900 mm,排距为 800 mm,其中最上一根距顶 500 mm。均垂直于巷帮,呈"矩形"布置,扭矩为 300 N·m。帮锚杆配合钢带、锚杆托盘叠加安装,钢带要密贴巷帮不松动。每根帮锚杆使用 2 卷锚固剂,1 卷 CK2355 型锚固剂(钻孔底部)和 1 卷 K2355 型锚固剂。

锚索沿巷道掘进方向每隔 1 600 mm 布置 1 组,每组 3 根,分别距工作面侧 1 750 mm、3 250 mm 和 4 750 mm,均垂直于顶板布置,锚杆预紧力为 200 kN。每根锚索锚固使用 2 卷锚固剂,1 卷 CK2355 型锚固剂(钻孔底部)和 1 卷 K2355 型锚固剂。

在巷道中架设 4 m 的Ⅱ型梁,保证"一梁两柱",Ⅱ型梁垂直于开切眼布置,单体支柱(DZ-315)间距为 3 200 mm,距梁头 400 mm,排距为 1 600 mm,若顶板破碎压力大,及时缩小Ⅱ型梁排距至 800 mm,Ⅱ型梁紧跟在掘进机二运后,且不影响正常掘进。

在开切眼开口处及贯通处各 15 m 范围内,锚索与Ⅱ型梁排距均为 800 mm。

十采区 10219 开切眼施工断面支护图 2-2-22 详见附录 2。

第三章 六采区巷道断面设计

六采区内巷道主要布置在 9、10＋11 号煤层。主要巷道有六采区轨道巷、六采区胶带巷、六采区回风巷、西集中胶带巷、六采区第一行人巷、六采区第二行人巷、六采区第三行人巷。主要硐室有避难硐室、中央变电所、中央水仓泵房。工作面巷道示例：61137 材料巷、61137 运输巷。

巷道断面形状主要有矩形、半圆拱形、O 形、梯形等。

巷道断面支护方式主要有锚杆支护、锚喷支护、料石砌碹、钢管混凝土支架支护、注浆锚杆支护、注浆锚索支护等。

第一节 六采区巷道布置及地质概况

六采区轨道巷位于水峪煤业旺家垣井田东翼，在山西组 10＋11 号煤层中掘进，顶板以 2 号矸作顶，其埋藏深度为 160～357 m。地面全部为红、黄土覆盖。地面标高为＋956～＋1 028 m，工作面标高为＋773～＋792 m。地面位置在黑坡沟村南，其他为山脊山沟。煤层平均厚度为 6.77 m，煤层结构复杂，倾角一般为 2°～8°，局部倾角可能增大。直接顶为厚 0.85 m 的泥岩，性脆易碎、节理发育；基本顶为厚 7.01 m 的 K_2 石灰岩，坚硬，裂隙溶洞发育；直接底为厚 1.6 m 的铝质泥岩，性软、遇水膨胀；基本底为厚 4.5 m 的砂质泥岩，深灰色，较硬。

六采区煤层综合柱状图 3-1-1 详见附录 3。

第二节 六采区主要巷道断面支护设计

一、六采区轨道巷断面支护设计

现场施工时共有 3 种断面支护设计方案。

（一）第一段三心拱形：0～2 648 m 范围（合计 2 648 m）

（1）1984 年 12 月 1 日开始施工，巷道沿 10＋11 号煤层 2 号矸顶板掘进。地面标高为＋956～＋1 028 m，工作面标高为＋773～＋792 m，盖山厚度为 160～357 m。巷道断面设计为三心拱形。掘宽为 3 900 mm，净宽为 3 300 mm，掘高为 2 700 mm，净高为 2 300 mm。

（2）支护方式：施工时采用掘支单行作业，料石砌碹，随掘随砌。料石规格为 350 mm×250 mm×200 mm，断面要细致无裂纹，棱角完整，不带风化皮层，抗压强度不低于 300 kg/cm^2。水泥为强度等级不低于 42.5 级的普通硅酸盐水泥。砂子采用中砂，粒径为 0.35～0.5 mm，泥土杂物含量不大于 3%。砂浆标号不低于 75 号，水泥、砂子的体积配比为 1∶3。

六采区轨道巷第一段断面支护图 3-2-1 详见附录 3。

（二）第二段半圆拱形：2 648～3 668 m 范围（合计 1 020 m）

（1）2005 年 5 月 26 日开始施工，巷道沿 10＋11 号煤层 2 号矸顶板掘进，施工范围为 KA30 点前 83 m 至 KA41 点前 26 m。巷道断面设计为半圆拱形。掘宽为 4 000 mm，净宽为 3 800 mm，掘高为 3 200 mm，净高为 3 100 mm。

（2）支护方式：采用锚网喷支护。锚杆呈“矩形”布置，间距为 800 mm，排距为 800 mm。顶、帮锚杆全部采用 ϕ16 mm×1 600 mm 的圆钢锚杆，锚固采用 3530 型快速树脂锚固剂。托盘规格（长×宽×厚）为 300 mm×200 mm×10 mm，与 60 mm×60 mm×5 mm 的方形铁垫片配合使用。钢筋网采用 ϕ4.5 mm 的冷拔丝，规格为 1 600 mm×800 mm，网格大小为 160 mm×160 mm。巷道的永久支护喷层厚度为 100 mm，喷射混凝土强度等级为 C20，水灰比为0.4～0.5；喷浆料的体积配比（水泥∶砂子∶石子）为 1∶2∶2。

水泥采用42.5级的普通硅酸盐水泥。砂子采用中粗砂，含水率为5%～7%，含土率不超过3%。石子直径为5～10 mm，无任何杂质。速凝剂掺量为水泥质量的2%～4%。

六采区轨道巷第二段断面支护图3-2-2详见附录3。

(三) 第三段半圆拱形：3 668～4 472 m范围(合计804 m)

(1) 2014年7月13日开始施工，施工范围为KA41点前26 m至KA50点前18 m。巷道断面设计为半圆拱形。掘宽为4 000 mm，净宽为3 800 mm，掘高为3 200 mm，净高为3 100 mm。

(2) 支护方式：采用锚网喷支护。锚杆呈“矩形”布置，顶、帮锚杆均采用ϕ22 mm×2 200 mm的螺纹钢锚杆，间排距800 mm×800 mm。每根螺纹钢锚杆锚固需要2卷锚固剂，1卷CK2355型锚固剂(钻孔底部)和1卷K2355型锚固剂。每根锚杆用规格(长×宽×厚)为300 mm×120 mm×10 mm的U形托盘和ϕ100 mm×8 mm的碟形托盘叠加安装，扭矩为200 N·m。锚索采用ϕ21.6 mm×5 000 mm的钢绞线，呈“矩形”布置，排距为1 600 mm，每排布置3根，1根布置在巷道中央，其余2根分别距顶板中线1 500 mm处。每根锚索锚固用1卷CK2355型(钻孔底部)和1卷K2355型锚固剂，托盘规格(长×宽×厚)为300 mm×300 mm×10 mm。网采用ϕ6.0 mm的钢筋网，规格为2 000 mm×1 000 mm，网格大小为120 mm×120 mm，要求网长边沿巷道轮廓线铺设，铺网间要搭接1格，环环联扣，扣扣紧锁，锁扣不得低于3圈。混凝土喷层厚度为100 mm，强度等级不低于C20。

六采区轨道巷第三段断面支护图3-2-3详见附录3。

二、六采区胶带巷断面支护设计

现场施工时共有3种断面支护设计方案。

(一) 第一段半圆拱形：0～1 614.5 m范围(合计1 614.5 m)

(1) 1984年12月1日开始施工，巷道沿10+11号煤层3号矸顶板掘进。地面标高为+956～+1 028 m，工作面标高为+773～+792 m，盖山厚度为160～357 m。

(2) 原设计为光爆锚喷支护，受地质构造影响，根据围岩变化情况采用不同的支护方式。围岩为砂岩、石灰岩时，可采用锚喷作为永久支护；围岩为黑灰色页岩含有铝土，有淋水或其他不稳定岩层时，均采用料石砌碹作为永久支护。巷道采用锚喷支护时，巷道技术特征为：掘进断面积为 17.32 m^2，净断面积为 13.71 m^2；净高为 3 650 mm，净宽为 4 300 mm。上述两种永久支护方式施工前，皆采用锚喷作为临时支护，临时支护锚杆间排距为 1 000 mm×1 000 mm，喷层厚度为 350 mm。锚喷永久支护在锚喷临时支护的基础上安装锚杆和复喷混凝土，以达到设计要求。在围岩松软破碎的局部地段还需进行挂网时，则挂金属网进行挂网锚喷。喷射混凝土厚度，在挂网锚喷时为 150 mm，在不挂网时为 100 mm。混凝土标号为 150 号，混凝土体积配比(水泥∶砂子∶石子)为 1∶2∶2。水泥为 42.5 级的普通硅酸盐水泥；速凝剂选用红星一型，掺量为水泥质量的2.5%～4.0%。砂子采用中砂或中粗砂为宜，其泥土含量不得大于 3%，含水率控制在 6%以下。石子采用碎石，粒度不得大于 20 mm。砌碹永久支护施工时采用掘支单行作业，料石砌碹，随掘随砌。料石规格为 350 mm×250 mm×200 mm，断面要细致无裂纹，棱角完整，不带风化皮层，抗压强度不低于 300 kg/cm^2。水泥为强度等级不低于 42.5 级的普通硅酸盐水泥。砂子采用中砂，粒径为 0.35～0.5 mm，泥土杂物含量不大于 3%。砂浆标号不低于 75 号，水泥、砂子的体积配比为 1∶3。

六采区胶带巷第一段断面支护图 3-2-4 详见附录 3。

(二) 第二段三心拱形：1 614.5～2 372.6 m 范围(合计 758.1 m)

(1) 1995 年 12 月 2 日开始施工，巷道沿 10＋11 号煤层 3 号矸顶板掘进。巷道断面设计为三心拱形。掘宽为 3 880 mm，净宽为 3 180 mm，掘高为3 160 mm，净高为 2 710 mm。

(2) 支护方式：施工时采用掘支单行作业，料石砌碹，随掘随砌。料石规格为 350 mm×250 mm×200 mm，断面要细致无裂纹，棱角完整，不带风化皮层，抗压强度不低于 300 kg/cm^2。水泥为强度等级不低于 42.5 级的普通硅酸盐水泥。砂子采用中砂，粒径为 0.35～0.5 mm，泥土杂物含量不大于 3%。砂浆标号不低于 75 号，水泥、砂子的体积配比为 1∶3。

六采区胶带巷第二段断面支护图 3-2-5 详见附录 3。

（三）第三段半圆拱形：2 372.6～3 510.6 m 范围（合计 1 138 m）

(1) 2004 年 5 月 26 日开始施工，巷道沿 10＋11 号煤层 2 号矸顶板掘进。巷道断面设计为半圆拱形。掘宽为 4 000 mm，净宽为 3 800 mm，掘高为3 200 mm，净高为 3 100 mm。

(2) 支护方式：采用锚网喷支护。锚杆呈“矩形”布置，顶、帮锚杆全部采用 ϕ16 mm×1 600 mm 的钢筋锚杆，间距为 800 mm，排距为 800 mm。锚杆锚固采用 K3530 型树脂锚固剂。托盘规格（长×宽×厚）为 300 mm×200 mm×10 mm，与 60 mm×60 mm×5 mm 的方形铁垫片配合使用。喷射混凝土强度等级为 C20，水灰比为 0.4～0.5，喷浆料体积配比（水泥∶砂子∶石子）为 1∶2∶2，喷层厚度为 100 mm。其中：水泥采用 42.5 级的普通硅酸盐水泥；砂子采用中粗砂，含水率为 5%～7%，含土率不超过 3%；石子直径为 5～10 mm，无任何杂质；速凝剂掺量为水泥质量的 2%～4%。钢筋网采用 ϕ4.5 mm 的冷拔丝，规格为 1 600 mm×800 mm，网格大小为 160 mm×160 mm。

六采区胶带巷第三段断面支护图 3-2-6 详见附录 3。

三、六采区回风巷断面支护设计

六采区回风巷位于水峪煤业旺家垣井田东翼，以 180°方位角在太原组 9 号煤层中掘进，以 K_2 灰岩作顶，煤层结构稳定，煤层倾角为 2°～9°，平均倾角为 6°，巷道总长度为 2 733 m。地面标高为＋956～1 028 m，工作面标高为＋778～797 m。地面位置在黑坡沟村南。煤层平均厚度为 1.47 m，煤层结构简单，倾角为 2°～9°，平均倾角为 6°。直接顶为厚 8 m 的 K_2 石灰岩，坚硬，裂隙溶洞发育；直接底为厚 0.8 m 的泥岩，性脆，节理发育；基本底为厚 5 m 的砂质泥岩，深灰色，较硬。

(1) 2014 年 12 月 1 日开始施工，总长度为 2 733 m。巷道断面设计为矩形。掘宽为 4 900 mm，净宽为 4 700 mm，掘高为 2 800 mm，净高为 2 800 mm。

(2) 支护方式采用锚喷支护。锚杆采用 ϕ16 mm×1 800 mm 的圆钢锚杆，呈“矩形”布置，间距为 900 mm，排距为 800 mm，喷层厚度为 100 mm。直接顶为 K_2 石灰岩，因其具有稳定性，故不施工顶锚杆，只施工帮锚杆。六采区回风巷变形较小，满足回风需求，局部经过维修扩刷，整体支护稳定。

六采区回风巷断面支护图 3-2-7 详见附录 3。

四、六采区行人巷断面支护设计

（一）行人巷概况

六采区行人巷位于水峪煤业旺家垣井田东翼，以 180°方位角在太原组 9 号煤层、山西组 10＋11 号煤层中掘进，六采区第一行人巷总长度为 1 770 m，六采区第二行人巷总长度为 1 713 m，六采区第三行人巷总长度为 1 614 m。

1. 六采区第一行人巷概况

六采区第一行人巷以 180°方位在太原组 9 号煤层中掘进，以 K_2 石灰岩作顶，煤层结构稳定，煤层倾角为 2°～9°，平均倾角为 6°。地面标高为＋956～1 028 m，工作面标高为＋778～＋797 m。地面位置在黑坡沟村南。煤层平均厚度为 1.47 m，煤层结构简单，倾角为 2°～9°，平均倾角为 6°。直接顶为厚 8 m 的 K_2 石灰岩，坚硬，裂隙溶洞发育；直接底为厚 0.8 m 的泥岩，性脆，节理发育；基本底为厚 5 m 的砂质泥岩，深灰色，较硬。

2. 六采区第二行人巷概况

六采区第二行人巷位于水峪煤业六采区，该巷道在太原组 10＋11 号煤层下分层中掘进，煤层平均厚度为 6.8 m，巷道顶板以 3 号矸为标志层，煤层结构稳定，倾角为 0°～7°，平均倾角为 3°。地面标高为＋956～1 028 m，工作面标高为＋772～＋791 m。直接顶为厚 0.8 m 的泥岩，性脆易碎，节理发育；基本顶为厚 8 m 的 K_2 石灰岩，坚硬，裂隙溶洞发育；直接底为厚 4 m 的铝质泥岩，性软，遇水膨胀；基本底为厚 5 m 的砂质泥岩，深灰色，较硬。

3. 六采区第三行人巷概况

六采区第三行人巷位于水峪煤业六采区和八采区，该巷道六采区段在太原组 9 号煤层中掘进，以 K_2 石灰岩作顶，煤层结构稳定，煤层倾角为 2°～9°，平均倾角为 6°。地面标高为＋956～1 028 m，工作面标高为＋778～797 m。煤层平均厚度为 1.47 m。直接顶为厚 8 m 的 K_2 石灰岩，坚硬，裂隙溶洞发育；直接底为厚 0.8 m 的泥岩，性脆，节理发育；基本底为厚 5 m 的砂质泥岩，深灰色，较硬。该巷道八采区段在太原组10+11号煤层下分层中掘进，煤层平均厚度为7.39 m，巷道顶板以2号矸为标志层，煤层结构稳定，煤层倾角为0°～7°，平均倾角为3°。地面标高为+976～+1 020 m，工作面标高为+819～+833 m。直接顶为厚0.8 m的泥岩，性脆易碎，节理发育；基本顶为厚8 m的K_2石灰岩，坚硬，裂隙溶洞发育；直接底为厚4 m的铝质泥岩，性软，遇水膨胀；基本底为厚5 m的砂质泥岩，深灰色，较硬。

（二）行人巷断面支护设计

1. 六采区第一行人巷断面支护设计

（1）1984年12月1日开始施工，长度为1 770 m。巷道为矩形断面。掘宽为3 200 mm，净宽为3 000 mm，掘高为2 500 mm，净高为2 500 mm。

（2）支护方式为锚喷支护。锚杆采用ϕ16 mm×1 800 mm的圆钢锚杆，呈“矩形”布置，间排距为800 mm×800 mm。直接顶为K_2石灰岩，因其具有稳定性，故不施工顶锚杆，只施工帮锚杆。喷层厚度为100 mm，喷射混凝土强度等级为C20。第一行人巷变形较小，满足行人需求，支护效果可靠。

六采区第一行人巷断面支护图3-2-8详见附录3。

2. 六采区第二行人巷断面支护设计

（1）2002年3月21日开始施工，长度为1 713 m。巷道断面为半圆拱形。掘宽为3 200 mm，净宽为3 000 mm，掘高为2 500 mm，净高为2 400 mm。

（2）支护方式为锚喷支护。顶、帮锚杆均采用ϕ16 mm×1 800 mm的圆钢锚杆，呈“矩形”布置，间排距为800 mm×800 mm。喷层厚度为100 mm，喷射混凝土强度等级为C20。第二行人巷变形较小，满足行人需求，支护效果可靠。

六采区第二行人巷断面支护图3-2-9详见附录3。

3. 六采区第三行人巷断面支护设计

2017年4月15日开始施工，长度为1 614 m（包括0～980 m段和980～1 614 m段）。

第一段为0～980 m段，呈矩形断面，掘宽为3 600 mm，净宽为3 400 mm，掘高为 3 000 mm，净高为 3 000 mm。支护方式为锚喷支护，锚杆间排距为 800 mm×800 mm。该段巷道顶板为 K_2 石灰岩，因其具有稳定性，故不施工顶锚杆，只施工帮锚杆。喷层厚度为 100 mm，喷射混凝土强度等级为 C20。

六采区第三行人巷(0～980 m 段)断面支护图 3-2-10-1 详见附录 3。

第二段为 980～1 614 m 段，呈半圆拱形断面，掘宽为 3 600 mm，净宽为 3 400 mm，掘高为 3 500 mm，净高为 3 400 mm。支护方式为锚喷支护，顶、帮锚杆均采用 ϕ20 mm×2 200 mm 的左旋无纵筋螺纹钢锚杆，间排距为 800 mm×800 mm，呈“矩形”布置；锚索规格为 ϕ21.6 mm×5 000 mm，沿巷道掘进方向每 1 600 mm 布置 1 组，每组 3 根，按“二一二”方式布置，其中第一排在距巷道中线两端 800 mm 处各布置 1 根，第二排在巷道正顶处布置 1 根，喷层厚度为 100 mm。第三行人巷变形较小，满足行人需求，支护效果可靠。

六采区第三行人巷(980～1 614 m 段)断面支护图 3-2-10-2 详见附录 3。

五、六采区各巷道断面支护设计

（一）六采区 61137 材料巷断面支护设计

1. 61137 材料巷概况

61137 材料巷位于水峪煤业六采区，在太原组 10＋11 号煤层中下分层中沿 3a 号矸掘进，地面标高为＋983～＋1 070 m，工作面标高为＋773～＋820 m，盖山厚度为 210～250 m。煤层平均厚度为 6.77 m，煤层结构复杂，倾角为 2°～5°，平均倾角为 3°。直接顶为厚 0.8 m 的泥岩，性脆，节理发育；基本顶为厚 8.5 m 的石灰岩，厚层状，坚硬；直接底为厚 1.6 m 的铝质泥岩，性软，遇水膨胀；基本底为厚 4.5 m 的砂质页岩，厚层状，坚硬。

61137 材料巷东为六采区大巷，南距八采区边界约 75 m，西距井田边界约 20 m，北为 61135 工作面采空区。

61137 材料巷掘进方位角为 270°，设计长度为 1 479 m。

2. 巷道断面支护设计

巷道断面设计为矩形。掘宽为 4 500 mm，净宽为 4 300 mm，掘高为 3 000 mm，净高为 2 900 mm。支护方式采用锚网支护。顶锚杆采用

ϕ22 mm×2 400 mm 的高强度左旋无纵筋螺纹钢锚杆(屈服强度为 500 MPa)，均垂直于顶板并呈“矩形”布置，间距为 975 mm，排距为 1 100 mm，扭矩为 300 N·m，锚固力为 150 kN。顶板钢带规格为 4 700 mm×300 mm×4.5 mm，钢带要密贴顶板不松动。帮锚杆采用 ϕ22 mm×2 400 mm 的左旋无纵筋螺纹钢锚杆，配合规格为 400 mm×300 mm×4.5 mm 的钢带与可调心拱形高强度锚杆托盘、球形垫及减摩垫圈叠加安装，钢带要密贴巷帮不松动。每排两帮各施工 3 根锚杆，均垂直于巷帮布置，其中最上一根锚杆距顶板 500 mm，间距为 900 mm，排距为 1 100 mm，扭矩为 300 N·m，锚固力为 150 kN。网采用六角机制网，顶网规格为 4 600 mm×1 200 mm，帮网规格为 2 700 mm×1 200 mm，要求网长边沿巷道轮廓线铺设，铺网间要搭接 1 格，环环联扣，扣扣紧锁，锁扣不得低于 3 圈。锚索选用规格为 ϕ21.8 mm (1×19 股)的高强度低松弛预应力钢绞线，长度为 5 000 mm。沿巷道掘进方向每 2 200 mm 布置 1 组，每组 2 根，间距为 1 500 mm，按“二〇二”方式并均垂直顶板布置。锚索预紧力为 200 kN，锚固力为 360 kN。每根锚索锚固用 2 卷锚固剂，1 卷 CK2355 型锚固剂(钻孔底部)和 1 卷 K2355 型锚固剂。

六采区 61137 材料巷断面支护图 3-2-11 详见附录 3。

(二) 六采区 61137 运输巷断面支护设计

1. 61137 运输巷概况

61137 运输巷位于水峪煤业六采区，在太原组 10＋11 号煤层中下分层中沿 3a 号矸掘进，地面标高为＋983～＋1 070 m，工作面标高为＋773～＋820 m，盖山厚度为 210～250 m。煤层平均厚度为 6.77 m，煤层结构复杂，倾角为 2°～5°，平均倾角为 3°。直接顶为厚 0.8 m 的泥岩，性脆，节理发育；基本顶为厚 8.5 m 的石灰岩，厚层状，坚硬；直接底为厚 1.6 m 的铝质泥岩，性软，遇水膨胀；基本底为厚 4.5 m 的砂质页岩，厚层状，坚硬。

61137 运输巷东到六采区大巷，南距八采区边界约 75 m，西距井田边界约 20 m(切眼处有小窑破坏区)，北为 61135 工作面采空区。

61137 运输巷掘进方位角为 270°，设计长度为 1 434 m。

2. 巷道断面支护设计

巷道断面设计为矩形。掘宽为 5 000 mm,净宽为 4 800 mm,掘高为 3 200 mm,净高为 3 100 mm。支护方式采用锚网支护。顶锚杆采用 ϕ22 mm×2 400 mm 的高强度左旋无纵筋螺纹钢锚杆(屈服强度为500 MPa),均垂直于顶板并呈“矩形”布置,间距为 880 mm,排距为 1 000 mm,扭矩为 300 N·m,锚固力为 150 kN。顶板钢带规格为 4 700 mm×300 mm×4.5 mm,钢带要密贴顶板不松动。帮锚杆采用 ϕ22 mm×2 400 mm 的左旋无纵筋螺纹钢锚杆,配合规格为 400 mm×300 mm×4.5 mm 的钢带与可调心拱形高强度锚杆托盘、球形垫及减摩垫圈叠加安装,钢带要密贴巷帮不松动。每排两帮各施工 3 根锚杆,均垂直于巷帮布置,其中最上一根锚杆距顶板 400 mm,间距为1 000 mm,排距为 1 000 mm,扭矩为 300 N·m,锚固力为 150 kN。网采用六角机制网,顶网规格为 5 100 mm×1 100 mm,帮网规格为 2 600 mm×1 100 mm,要求网长边沿巷道轮廓线铺设,铺网间要搭接 1 格,环环联扣,扣扣紧锁,锁扣不得低于 3 圈。锚索选用规格为ϕ21.8 mm(1×19 股)的高强度低松弛预应力钢绞线,长度为 7 200 mm,沿巷道掘进方向每隔 2 000 mm 布置 1 组,每组 2 根,间距为 1 600 mm,按“二〇二”方式并均垂直于顶板布置,锚索预紧力为 200 kN,锚固力为 360 kN。每根锚索锚固用 3 卷锚固剂,1 卷 CK2355 型锚固剂(钻孔底部)和 2 卷 K2355 型锚固剂。

六采区 61137 运输巷断面支护图 3-2-12 详见附录 3。

第四章　八采区巷道断面设计

八采区内巷道主要布置在 9、10＋11 号煤层。主要巷道有八采区轨道巷、八采区胶带巷、八采区回风巷。工作面回采巷道示例：81102 材料巷、81102 运输巷、81102 切眼。

巷道断面形状主要有矩形、半圆拱形、梯形等断面。

巷道断面支护方式主要有锚杆支护、锚喷支护等。

第一节　八采区巷道布置及地质概况

一、地质情况

八采区边界北以六采区 8 号煤仓为界，南至后河村庄保安煤柱（以 F_2 断层线为界），西为矿井井田边界，东临正旺井田边界。八采区面积约为 2.72 km^2；可采储量为 1 967.1 万 t，设计生产能力 180 万 t/a，服务年限为 8.4 a；设计开采 10＋11 号煤层，开采深度为 760～830 m。

八采区共发现 2 条断层（偏店正断层 F_1 和 F_2），均为高角度正断层（70°～75°），倾向 SE，断距为 10～44 m。偏店正断层 F_1 总体位于八采区东南部，走向 N11°E，倾向 S79°E，倾角约为 75°。在本次二维地震勘探可控制范围内，此断层可连续追踪。在二维地震勘探线上，10＋11 号煤层最大落差为 44 m，最小落差为 13 m，区内延展长度为 3 842 m。二维地震勘探后，偏店正断层 F_1 较勘探前向东摆动 110～210 m。

八采区轨道巷、胶带巷、回风巷三条大巷在太原组 9、10＋11 号煤层中掘进，地面标高为＋976～＋1 066 m，工作面标高为＋819～＋833 m。三条大巷平行布置，掘进方位角为 270°，三条巷道净煤柱间距为 30 m，东起南翼三条集中巷道，西至井田边界。八采区回风巷北侧 90 m 为 61137 工作面，南侧布置八采区 81103～81106 工作面。

八采区巷道主要煤层顶底板特征：K_2 石灰岩厚度为 7.0～12.0 m，平均厚度为 8.0 m，为厚层状、深灰色石灰岩，含条带状及团块状黑色燧石。局部常有一层灰色的泥岩，厚度约为 1.0 m，石灰岩中产有海相动物化石。10 号、11 号煤层直接顶为 9 号煤层底板泥岩，灰白色，易破碎，厚 1.7 m，节理发育；基本顶为 K_2 石灰岩，厚 7.0～12.0 m；直接底为铝质页岩，有滑感，厚约 4 m，遇水变软膨胀，易底鼓，给开采造成困难。9 号煤层厚度为 1.5 m，10 号、11 号煤层合并层平均厚度为 6.92 m，含 3～7 层夹矸，煤层强度低，夹矸层强度高。

八采区煤层综合柱状图 4-1-1 详见附录 4。

二、煤层

1. 可采煤层

采区内稳定可采的煤层为 2 号、9 号、10＋11 号煤层，零星可采煤层有 3 号、7 号煤层，但 2 号、3 号、7 号、9 号煤层均为小窑开采，并形成采空区，已无开采价值。不可采煤层有 1 号、1 号下、3 号上、4 号、5 号、7 号上、8 号、8 号下煤层。

2. 9 号煤层（毛四尺）

9 号煤层位于太原组下部，10＋11 号煤层的顶板为 9 号煤层底板。煤层厚度为 1.3～1.7 m，平均厚度为 1.5 m，为稳定可采煤层。煤层一般无夹矸，结构简单，节理发育，主要节理方向为 5°～335°，层理不甚发育。

3. 10＋11 号煤层（丈八煤）

10＋11 号煤层位于太原组下部，10 号、11 号煤层在本采区内合并为一层。煤层厚度为 6.36～7.48 m，平均厚度为 6.92 m，属结构复杂的稳定煤层。上距 K_2 石灰岩平均距离约为 9.50 m，下距 K_1 砂岩平均距离约为 9.40 m。在邻近井田（交子里井田中西部、柳湾井田）内多呈两个独立可采煤层。

在矿井生产中常见有夹矸 3～6 层，夹矸厚度一般为 0.01～0.15 m，大部分夹矸层位较稳定，煤层节理、层理均较发育。

直接底为铝质泥岩，厚 4.0 m，遇水会底鼓，外观为灰色、深灰色，部分具滑感，泥质结构，块状构造，中夹灰色-灰白色半软质黏土，遇水呈胶泥状，具滑感。基本顶为 K_2 石灰岩，厚 8.0 m，其中有条带状及团块状黑色燧石。

81102 工作面所采煤层在太原组 10＋11 号煤层中掘进，煤层平均厚度为 6.92 m，上部 9 号煤层为小煤窑破坏区，工作面底板为铝质泥岩，厚度为 4.0 m，遇水膨胀，基本底为砂质泥岩，厚度为 4.6 m。该工作面直接顶为泥岩，平均厚度为 1.7 m，较软，易垮落；基本顶为 K_2 石灰岩，平均厚度为 8.0 m，坚硬，为厚层、深灰色石灰岩，其中有条带状及团块状黑色燧石。

三、煤质

9 号、10＋11 号煤层为黑色～深黑色，玻璃光泽，断口呈参差状、棱角状、条带状、条理状结构，层状构造。9 号、10＋11 号煤层节理及内外生裂隙发育，充填物多为黄铁矿散晶及方解石细脉。9 号煤层视（相对）密度为 1.42 t/m^3，真（相对）密度为 1.45 t/m^3；10＋11 号煤层视（相对）密度为 1.46 t/m^3，真（相对）密度为 1.51 t/m^3。

9 号、10＋11 号煤层以亮煤为主，暗煤次之，可见丝炭，夹镜煤条带及含少量黄铁矿结核散晶。镜煤呈条带状，丝炭呈透镜状、细条带状，其宏观煤岩类型以半亮型煤主，其次为半暗型煤。

第二节　八采区主要巷道断面支护设计

一、八采区轨道巷断面支护设计

（一）八采区轨道巷概况

八采区轨道巷东临六采区三条大巷，西临井田边界，南距八采区探巷

340 m，北距 61133 工作面运输巷 470 m。煤层倾角为 3°～12°，平均倾角为 7°。地面标高为＋945～＋1 075 m，工作面标高为＋778～＋795 m。八采区轨道巷在太原组 10＋11 号煤层下分层中掘进，直接顶与基本顶均为 K_2 石灰岩，厚 7～12 m，为厚层、深灰色石灰岩，其中有条带状及团块状黑色燧石；直接底为铝质泥岩，厚 1.6 m，性软，遇水会膨胀；基本底为砂质泥岩，厚 4.5 m，为灰白色，质地较硬。

（二）八采区轨道巷断面支护设计

（1）八采区轨道巷于 2017 年 11 月开始施工，巷道总长度为 1 536 m。设计巷道断面形状为矩形，掘宽为 4 500 m，净宽为 4 300 mm，掘高为 3 000 mm，净高为 2 900 mm。

（2）支护方式为锚网喷支护。顶锚杆用 ϕ22 mm×2 400 mm 的左旋无纵筋螺纹钢锚杆，呈“矩形”布置，间距为 800 mm，排距为 800 mm，扭矩为 210 N・m，锚固力为 100 kN。位于两端的两根顶锚杆为角锚杆，与铅垂线夹角为 15°，其余均垂直于顶板。每根锚杆用规格（长×宽×厚）为 200 mm×120 mm×10 mm 的托盘和 ϕ120 mm×10 mm 的碟形托盘（角锚杆用斜托）叠加安装。每根顶锚杆安装需要 2 卷锚固剂，1 卷 CK2355 型锚固剂（钻孔底部）和 1 卷 K2355 型锚固剂。

帮锚杆用 ϕ20 mm×2 200 mm 的左旋无纵筋螺纹钢锚杆，呈“矩形”布置，两帮每排各安装 3 根锚杆，间距为 900 mm，排距为 800 mm，其中最上一排锚杆距顶板 500 mm，均垂直于巷帮，扭矩为 190 N・m，锚固力为 100 kN。每根锚杆用规格（长×宽×厚）为 200 mm×120 mm×10 mm 的托盘和 ϕ120 mm×10 mm 的碟形托盘叠加安装。每根帮锚杆安装需要 2 卷锚固剂，1 卷 CK2330 型锚固剂（钻孔底部）和 1 卷 K2330 型锚固剂。当巷道两帮最下一根锚杆距底板超过 1 000 mm 时需补打 1 根锚杆。

锚索选用规格为 ϕ21.8 mm×5 000 mm 的钢绞线，沿巷道掘进方向垂直顶板布置，每隔 1 600 mm 布置 1 组，每组 3 根，第一排布置在距巷道两帮各 1 500 mm 处，第二排布置在巷道中间。施工完锚索后及时用锁具将锚索锁好。锚索预紧力达到 140 kN，锚固力为 200 kN。每根锚索锚固用 2 卷锚固剂，1卷CK2355型锚固剂(钻孔底部)和1卷K2355型锚固剂。

(3) 铺网：网采用ϕ6 mm的钢筋网，规格为2 000 mm×850 mm，网格大小为120 mm×120 mm，要求网长边沿巷道轮廓线铺设，铺网间要搭接50 mm，环环联扣，扣扣紧锁，锁扣不得低于3圈，扣距为120 mm。

(4) 喷浆：巷道设计喷层厚度为100 mm，基础厚度为100 mm。要求表面平整密实，墙基、钢筋网无裸露。在1 m范围内凸凹不大于50 mm，局部不小于设计规定值的90%。喷射混凝土强度等级为C20，喷浆料体积配比(水泥∶砂子∶石子)为1∶2∶2。

八采区轨道巷断面支护图4-2-1详见附录4。

二、八采区回风巷断面支护设计

(一) 八采区回风巷概况

八采区回风巷整体为走向NW的单斜构造，在太原组9号煤层中掘进。直接顶与基本顶均为K_2石灰岩，厚7～12 m，为厚层、深灰色石灰岩，其中有条带状及团块状黑色燧石；直接底为泥岩，厚2 m；基本底为铝质泥岩，厚4.5 m，性软，遇水膨胀。煤层平均厚度为1.5 m，煤层结构简单，平均倾角为4°。

八采区回风巷东临六采区三条大巷，西临井田边界，南距81101工作面材料巷340 m，北距61133工作面运输巷470 m，煤层倾角为2°～6°，平均倾角为4°。地面标高为+945～+1 075 m，工作面标高为+756～+799 m。

(二) 八采区回风巷断面支护设计

(1) 八采区回风巷于2018年2月开始施工，巷道总长度为1 500 m。设计巷道断面形状为矩形。掘宽为4 500 mm，净宽为4 300 mm，掘高为3 000 mm，净高为2 900 mm。

(2) 支护方式为锚网喷支护。顶锚杆采用ϕ22 mm×2 400 mm的左旋无纵筋螺纹钢锚杆，配合规格为200 mm×120 mm×10 mm的钢板、ϕ120 mm×10 mm的碟形冲压托盘叠加安装，锚杆距裂隙两侧分别为300 mm，间距为800 mm，排距为1 000 mm，扭矩为210 N·m。

帮锚杆用 ϕ20 mm×2 200 mm 的左旋无纵筋螺纹钢锚杆，呈“矩形”布置，两帮每排各安装 3 根锚杆，间距为 900 mm，排距为 1 000 mm，其中最上一排锚杆距顶板 500 mm，均垂直于巷帮，扭矩为 150 N·m，锚固力为 50 kN。每根锚杆用规格（长×宽×厚）为 200 mm×120 mm×10 mm 的托盘和 ϕ100 mm×8 mm 的碟形托盘叠加安装。每根帮锚杆锚固用 2 卷锚固剂，1 卷 CK2355 型锚固剂（钻孔底部）和 1 卷 K2355 型锚固剂。当巷道两帮最下一根锚杆距底板超过 1 000 mm 时需补打 1 根锚杆。

锚索选用规格为 ϕ21.8 mm×5 000 mm 的钢绞线，沿巷道掘进方向垂直于顶板布置，每隔 2 000 mm 布置 1 组，每组 3 根，呈“三花形”布置，间距为 1 500 mm。

(3) 铺网：两帮网采用 ϕ6 mm 的钢筋网，规格为 2 000 mm×1 050 mm，网格大小为 120 mm×120 mm，要求网长边沿巷道轮廓线铺设，铺网间要搭接 50 mm，环环联扣，扣扣紧锁，锁扣不得低于 3 圈，扣距为 120 mm。

(4) 喷浆：巷道设计喷层厚度为 100 mm（顶板 K_2 石灰岩喷层厚度为 30～50 mm），基础厚度为 100 mm。要求表面平整密实，墙基、钢筋网无裸露。在 1 m 范围内凸凹不大于 50 mm，局部不小于设计规定值的 90%。喷射混凝土强度等级为 C20，喷浆料体积配比（水泥：砂子：石子）为 1：2：2。

八采区回风巷断面支护图 4-2-2 详见附录 4。

三、八采区胶带巷断面支护设计

（一）八采区胶带巷概况

八采区胶带巷整体为轴向北东的向斜构造，在太原组 10＋11 号煤层下分层中掘进。直接顶与基本顶均为 K_2 石灰岩，厚 7～12 m，为厚层、深灰色石灰岩，其中有条带状及团块状黑色燧石；直接底为铝质泥岩，厚 1.6 m，性软，遇水会膨胀；基本底为砂质泥岩，厚 4.5 m，为灰白色，质地较硬。

八采区胶带巷东临六采区三条大巷，西临井田边界，南距八采区探巷 340 m，北距 61133 工作面运输巷 470 m。地面位置在东北距上柱濮村约 700 m，北距大青河村约 200 m，南距小青河村约 200 m，西距大凹村约 170 m。煤层倾角为 3°～12°，平均倾角为 7°。地面标高为＋945～＋1 075 m，工作面标高为＋778～＋795 m。

（二）八采区胶带巷断面支护设计

（1）八采区胶带巷于2017年8月开始施工，巷道总长度为1 475 m。设计巷道断面形状为矩形。掘宽为4 500 mm，净宽为4 300 mm，掘高为3 000 mm，净高为2 900 mm。

（2）支护形式为锚网喷支护。顶锚杆用ϕ22 mm×2 400 mm的左旋无纵筋螺纹钢锚杆，呈“矩形”布置，间距为800 mm，排距为800 mm，扭矩为210 N·m，锚固力为100 kN。位于两端的2根顶锚杆为角锚杆，与铅垂线夹角为15°，其余均垂直于顶板。每根锚杆用规格（长×宽×厚）为200 mm×120 mm×10 mm的托盘和ϕ120 mm×10 mm的碟形托盘（角锚杆用斜托）叠加安装。每根顶锚杆锚固用2卷锚固剂，1卷CK2355型锚固剂（钻孔底部）和1卷K2355型锚固剂。

帮锚杆为ϕ20 mm×2 200 mm的左旋无纵筋螺纹钢锚杆，呈“矩形”布置，两帮每排各安装3根锚杆，间距为900 mm，排距为800 mm，其中最上一排锚杆距顶板500 mm，均垂直于巷帮，扭矩为190 N·m，锚固力为100 kN。每根锚杆用规格（长×宽×厚）为200 mm×120 mm×10 mm的托盘和ϕ120 mm×10 mm的碟形托盘叠加安装。每根帮锚杆锚固用2卷锚固剂，1卷CK2355型锚固剂（钻孔底部）和1卷K2355型锚固剂。当巷道两帮最下一根锚杆距底板超过1 000 mm时需补打1根锚杆。

锚索选用规格为ϕ21.8 mm×5 000 mm的钢绞线，沿巷道掘进方向垂直于顶板布置，每1 600 mm布置1组，每组3根，第一排布置在距巷道两帮各1 500 mm处，第二排布置在距巷道中间。施工完锚索后及时用锁具将锚索锁好，锚索预紧力达到140 kN，锚固力为200 kN。每根锚索锚固用2卷锚固剂，1卷CK2355型锚固剂（钻孔底部）和1卷K2355型锚固剂。

（3）铺网：网采用ϕ6 mm的钢筋网，规格为2 000 mm×850 mm，网格大小为120 mm×120 mm，要求网长边沿巷道轮廓线铺设，铺网间要搭接50 mm，环环联扣，扣扣紧锁，锁扣不得低于3圈，扣距为120 mm。

（4）喷浆：巷道设计喷层厚度为100 mm，基础厚度为100 mm。要求表面平整密实，墙基、钢筋网无裸露。在 1 m 范围内凸凹不大于 50 mm，局部不小于设计规定值的 90%。喷射混凝土强度等级为 C20，喷浆料体积配比(水泥：砂子：石子)为 1：2：2。

八采区胶带巷断面支护图 4-2-3 详见附录 4。

四、八采区各巷道断面支护设计

(一) 八采区 81102 材料巷断面支护设计

1. 81102 材料巷概况

81102 材料巷在太原组 10＋11 号煤层下分层中掘进，巷道上部为 9 号煤层小窑破坏区。直接顶为 9 号煤层底板泥岩，厚 1.8 m，性脆易碎，节理发育；基本顶为 K_2 石灰岩，厚 8.0 m，较为坚硬，裂隙溶洞发育；直接底为铝质泥岩，厚 1.6 m，性软，遇水会膨胀。

2. 巷道断面支护设计

(1) 2022 年 5 月 1 日开始施工，在太原组 10＋11 号煤层下分层中沿 3a 号矸作顶掘进，地面标高为＋976～＋1 066 m，工作面标高为＋819～＋833 m。设计巷道断面形状为矩形。掘宽为 4 500 mm，净宽为 4 300 mm，掘高为 3 000 mm，净高为 2 900 mm。

(2) 支护方式为锚网支护。顶锚杆用 ϕ22 mm×2 400 mm 的高强度左旋无纵筋螺纹钢锚杆(屈服强度为 500 MPa)，均垂直于顶板并呈“矩形”布置，间距为 975 mm，排距为 1 000 mm，扭矩为 300 N·m，锚固力为 150 kN。顶板钢带规格为 4 200 mm×300 mm×4.5 mm，钢带要密贴顶板不松动。托盘采用可调心拱形高强度托盘配球形垫及减摩垫片，托盘规格为 150 mm×150 mm×10 mm，承载能力不低于 250 kN。每根锚杆锚固用 2 卷锚固剂，1 卷 CK2355 型锚固剂(钻孔底部)和 1 卷 K2355 型锚固剂。

两帮选用 ϕ22 mm×2 400 mm 的左旋无纵筋螺纹钢锚杆，配合 400 mm×300 mm×4.5 mm 的钢带与可调心拱形高强度锚杆托盘、球形垫及减摩垫片叠加安装，钢带要密贴巷帮不松动。每排两帮各施工 3 根锚杆，均垂直于巷帮布置，其中最上一根锚杆距顶板 400 mm，锚杆间距为 1 000 mm，排距为

1 000 mm,扭矩为 300 N·m,锚固力为 150 kN。每根锚杆锚固用 2 卷锚固剂,1 卷 CK2355 型锚固剂(钻孔底部)和 1 卷 K2355 型锚固剂。

锚索选用规格为 ϕ21.8 mm(1×19 股)的高强度低松弛预应力钢绞线,长度为 5 000 mm。沿巷道掘进方向每 2 000 mm 布置 1 组,每组 2 根,按“二〇二”方式布置,均垂直于顶板布置。施工完锚索后及时用锁具将锚索锁好。锚索预紧力为200 kN,锚固力为 360 kN。每根锚索锚固用 3 卷锚固剂,1 卷 CK2355 型锚固剂(钻孔底部)和 2 卷 K2355 型锚固剂。

八采区 81102 材料巷断面支护图 4-2-4 详见附录 4。

(二) 八采区 81102 运输巷断面支护设计

1. 81102 运输巷概况

81102 运输巷在太原组 10+11 号煤层下分层中掘进,巷道上部为 9 号煤层小窑破坏区。直接顶为 9 号煤层底板泥岩,厚 1.8 m,性脆易碎,节理发育;基本顶为 K_2 石灰岩,厚 8.0 m,较为坚硬,裂隙溶洞发育;直接底为铝质泥岩,厚 1.6 m,性软,遇水会膨胀。

2. 巷道断面支护设计

(1) 2021 年 10 月 1 日开始施工,在太原组 10+11 号煤层下分层中沿 3a 号研作顶掘进,地面标高为+976～+1 066 m,工作面标高为+819～+833 m。设计巷道断面形状为矩形。掘宽为 5 200 mm,净宽为 5 000 mm,掘高为 3 500 mm,净高为 3 400 mm。

(2) 支护方式为锚网支护。顶锚杆呈“矩形”布置,采用 ϕ22 mm×2 400 mm 的高强度左旋无纵筋螺纹钢锚杆,中间 4 根锚杆垂直于顶板布置,角锚杆与铅垂线夹角为 15°,间距为 920 mm,排距为 1 000 mm,扭矩为 300 N·m,锚固力为 150 kN。顶板钢带规格为 4 900 mm×300 mm×4.5 mm,钢带要密贴顶板不松劲。托盘采用可调心拱形高强度托盘配减摩垫片,托盘规格为 150 mm×150 mm×10 mm,承载能力不低于 250 kN。每根锚杆锚固用 2 卷锚固剂,1 卷 CK2355 型锚固剂(钻孔底部)和 1 卷 K2355 型锚固剂。

两帮选用 ϕ22 mm×2 400 mm 的高强度左旋无纵筋螺纹钢锚杆,配合规格为 400 mm×300 mm×4.5 mm 的钢带与可调心拱形高强度锚杆托盘、减摩垫片叠加安装，钢带要密贴巷帮不松动。每排两帮各施工 4 根锚杆，最上一根帮锚杆在距顶板 400 mm 处向上倾斜 15°施工，中间 2 根锚杆垂直于巷帮施工，最下一根帮锚杆距底板 400 mm 处向下倾斜 5°施工。锚杆间距为 900 mm、排距为 1 000 mm，扭矩为 300 N·m，锚固力为 150 kN。每根锚杆锚固用 2 卷锚固剂，1 卷 CK2355 型锚固剂（钻孔底部）和 1 卷 K2355 型锚固剂。

锚索为抗冲击恒阻锚索，选用规格为 ϕ21.8 mm×5 000 mm 的钢绞线，沿巷道掘进方向每隔 2 000 mm 布置 1 组，每组 5 根，按"三二三"方式均匀布置，其中第一排锚索间距为 1 300 mm，第二排锚索间距为 1 800 mm，距帮 1 700 mm。锚索采用规格为 300 mm×300 mm×16 mm 的高强度托盘、防冲装置和锁具依次套装，锚索预紧力为 200 kN，锚固力为 360 kN。锚索均垂直于顶板布置，每根锚索锚固用 3 卷锚固剂，1 卷 CK2355 型锚固剂（钻孔底部）和 2 卷 K2355 型锚固剂。

八采区 81102 运输巷断面支护图 4-2-5 详见附录 4。

（三）八采区 81102 开切眼施工断面支护设计

（1）开切眼为矩形断面，掘宽为 8 000 mm，净宽为 7 800 mm，掘高为 3 100 mm，净高为 3 000 mm。

（2）支护方式为锚网＋Π型梁＋单体支柱联合支护。顶板采用两片规格为 4 000 mm×300 mm×4.5 mm 的钢带搭接安装，待施工搭接钢带后再施工搭接处锚杆，钢带要密贴顶板不松动。顶锚杆采用 ϕ22 mm×2 400 mm 的高强度左旋无纵筋螺纹钢锚杆（屈服强度为 500 MPa），垂直于顶板布置，间距为 925 mm，排距为 800 mm。锚杆配合可调心拱形高强度锚杆托盘（规格为 150 mm×150 mm×10 mm）、球形垫及减摩垫片叠加安装。每根锚杆锚固使用 2 卷锚固剂，1 卷 CK2355 型锚固剂（钻孔底部）和 1 卷 K2355 型锚固剂，扭矩达到 300 N·m，锚固力为 150 kN。

落山侧帮锚杆采用 ϕ22 mm×2 400 mm 的高强度左旋无纵筋螺纹钢锚杆（屈服强度为 500 MPa），配合规格为 400 mm×300 mm×4.5 mm 的钢带与可调心拱形高强度锚杆托盘(规格为 150 mm×150 mm×10 mm)、球形垫及减摩垫片叠加安装,锚杆间距为 1 000 mm、排距为 800 mm。每根锚杆锚固使用 2 卷锚固剂,1 卷 CK2355 型锚固剂(钻孔底部)和 1 卷 K2355 型锚固剂,扭矩达到 300 N·m,锚固力为 150 kN。

工作面侧帮锚杆采用 ϕ16 mm×1 800 mm 的圆钢锚杆,配合 400 mm×300 mm×4.5 mm 的钢带与碟形托盘叠加安装,钢带要密贴巷帮不松动。每排两帮各施工 3 根锚杆,均垂直于巷帮布置,其中最上一根锚杆距顶板 500 mm,锚杆间距为 1 000 mm、排距为 800 mm。每根锚杆锚固使用 2 卷锚固剂,1 卷 CK2355 型锚固剂(钻孔底部)和 1 卷 K2355 型锚固剂,扭矩达到 150 N·m,锚固力为 90 kN。

锚索沿巷道掘进方向每隔 1 600 m 布置 1 组,每组 3 根,按"三〇三"方式布置,间距为 2 000 mm,均垂直于顶板布置,锚索支护必须紧跟工作面。在巷道中架设 4 m 的Ⅱ型梁,保证"一梁两柱";Ⅱ型梁垂直切眼布置,单体支柱(DZ-3.15)间距为 3 200 mm,距梁头 400 mm,排距为 1 600 mm;Ⅱ型梁滞后工作面不得超过 30 m。若顶板破碎压力大,及时缩小Ⅱ型梁排距至 800 mm,Ⅱ型梁紧跟掘进机二运后,以不影响正常掘进为宜。掘进最大控顶距为 2.0 m,最小控顶距为 0.4 m。

八采区 81102 开切眼施工断面支护图 4-2-6 详见附录 4。

第五章 九采区巷道断面设计

九采区内巷道主要布置在 9 号、10＋11 号煤层。主要巷道有南翼集中轨道巷、南翼集中胶带巷、南翼集中回风巷。

巷道断面形状均为半圆拱形。巷道支护方式主要有锚杆支护和锚喷支护。

第一节 九采区巷道布置及地质概况

一、地质情况

九采区轨道巷位于水峪煤业旺家垣井田南翼，巷道主要在山西组 10＋11 号煤层中以 2 号研作顶掘进，其埋藏深度为 160～357 m。地面全部为红、黄土覆盖。地面标高为＋956～＋1 087 m，工作面标高为＋718～＋829 m。九采区内构造形态总体为走向近南北、倾向东的单斜构造，区内次一级褶皱较发育，使地层呈波状起伏，地层倾角中西部较缓，为 4°～10°，东部较陡，可达 20°左右。

（一）断层

九采区内经物探与井下揭露，发现 3 条较大的正断层。

(1) F_1 正断层（偏店正断层）：位于九采区中西部东沟村东、后河村西、大王堡村东一线，自南向北断层走向由近 SN 转为 N40°E 延伸出九采区，倾向 SE，倾角为 80°，断距为 24～32 m，大巷掘进中，区内延展长度为 3 850 m。

(2) F_2 正断层：位于九采区内东北部后河村东补 2 号钻孔东，走向为 N25°E，倾向 SE，倾角为 72°，断距为 10 m，区内延伸长度为 1 150 m，北延出九采区外。

(3) F_3 正断层：位于九采区内刘庄村北 J-35 号钻孔西，走向为 N10°E，倾向 SE，倾角为 70°，断距为 10 m，延伸长度约为 700 m。

(二) 褶皱

九采区内西北部发育有一组向、背斜褶曲构造。

(1) S_1 背斜：位于大王堡村西、后河村东一线，轴向走向自南向北由 N14°E 转 N35°，交于 F_1 正断层，区内延展长度近 4 000 m，两翼基本对称，地层倾角约为 4°。

(2) S_2 向斜：位于新补 3 号钻孔东与东沟村一线，轴向走向为 N53°E，往北、往西延出采区外，区内延展长度为 1 800 m，两翼不对称，地层倾角东翼为 10°、西翼为 4°。

二、煤层及煤质

(一) 可采煤层

区内稳定可采的煤层有 9 号、10＋11 号煤层，零星可采煤层有 3 号、5 号、6 号、7 号煤层，其余为不可采煤层。

1. 9 号煤层(毛四尺)

9 号煤层位于太原组一段，上距 2 号煤层距离为 68.37～91.23 m，平均间距为 79.48 m。煤层厚度为 0.99～1.80 m，平均厚度为 1.34 m，煤层结构简单，一般不含夹矸，偶夹 1 层泥岩夹矸。煤层顶板一般为 K_2 石灰岩，局部有小于 1 m 的泥岩或砂质泥岩伪顶；底板一般为泥岩或砂质泥岩。该煤层属稳定型可采煤层。

2. 10＋11 号煤层(丈八煤)

10＋11 号煤层位于太原组一段，上距 9 号煤层距离为 1.23～4.14 m，平均间距为 2.15 m。煤层厚度为 3.83～8.34 m，平均厚度为 7.06 m，煤层结构复杂，含夹矸 3～9 层，单层夹矸厚度为 0.05～1.42 m，一般为 0.05～0.65 m，局部夹矸厚度为 0.73～1.46 m。煤层顶板一般为泥岩或砂质泥岩，即 9 号煤层的底板；煤层底板主要为泥岩或砂质泥岩。该煤层属稳定型可采煤层。

（二）煤质

9 号、10＋11 号煤层为黑色～深黑色，玻璃光泽，断口呈参差状、棱角状，条带状、条理状结构，层状构造。9 号、10＋11 号煤层节理及内外生裂隙发育，充填物多为黄铁矿散晶及方解石细脉。9 号煤层视（相对）密度为 1.42 t/m^3，真（相对）密度为 1.45 t/m^3；10＋11 号煤层视（相对）密度为 1.46 t/m^3，真（相对）密度为 1.51 t/m^3。

9 号、10＋11 号煤层以亮煤为主，暗煤次之，可见丝炭，夹镜煤条带及含少量黄铁矿结核散晶。镜煤呈条带状，丝炭呈透镜状、细条带状，其宏观煤岩类型以为半亮型煤主，其次为半暗型煤。

九采区煤层综合柱状图 5-1-1 详见附录 5。

第二节 九采区主要巷道断面支护设计

一、九采区南翼集中轨道巷

（1）巷道断面设计为半圆拱形。掘宽为 4 000 mm，净宽为 3 800 mm，掘高为 3 200 mm，净高为 3 100 mm。

（2）支护方式：顶、帮锚杆均采用 ϕ22 mm×2 200 mm 的左旋无纵筋螺纹钢锚杆，均垂直于巷道轮廓线并呈“矩形”布置，间距为 800 mm，排距为 1 000 mm。锚杆用钢带托板与托盘叠加安装，托板要密贴巷帮不松动，托盘规格（长×宽×厚）为 150 mm×150 mm×10 mm，承载能力不低于 250 kN。每根锚杆锚固用 2 卷锚固剂，1 卷 CK2355 型锚固剂（钻孔底部）和 1 卷 K2355 型锚固剂。锚杆扭矩为 210 N·m，锚固力 150 kN。

锚索选用规格为 ϕ21.8 mm×4 500 mm 的高强度低松弛预应力钢绞线，锚索呈“矩形”布置，沿巷道掘进方向每 2 000 mm 布置 1 组，每组 3 根，在巷道正顶布置 1 根，在距巷道中线两端 1 300 mm 处各布置 1 根，锚索垂直于巷道顶板轮廓线；选用规格为 300 mm×300 mm×10 mm 的高强度锚索托盘配锁具叠加安装。锚索预紧力为 140 kN，锚固力为 200 kN。每根锚索锚固用 2 卷锚固剂，1 卷 CK2355 型锚固剂（钻孔底部）和 1 卷 K2355 型锚固剂。

（3）铺网：采用 ϕ6 mm 的钢筋网，规格为 2 000 mm×1 050 mm，网格大小为 120 mm×120 mm。

（4）喷浆：巷道设计喷层厚度为 100 mm，基础厚度为 100 mm。喷射混凝土强度等级为 C20。

九采区南翼集中轨道巷断面支护图 5-2-1 详见附录 5。

二、九采区南翼集中回风巷

（1）巷道断面设计为半圆拱形。掘宽为 5 500 mm，净宽为 5 300 mm，掘高为 3 150 mm，净高为 3 050 mm。

（2）支护方式：顶、帮锚杆均采用 ϕ22 mm×2 400 mm 的高强度左旋无纵筋螺纹钢锚杆（屈服强度为 500 MPa），均垂直于巷道轮廓线并呈“矩形”布置，顶锚杆间排距为 800 mm×1 000 mm，帮锚杆在两帮各布置 1 根，排距为 1 000 mm。托盘采用可调心拱形高强度托盘配减摩垫片，规格为 150 mm×150 mm×10 mm，承载能力不低于 250 kN。每根锚杆锚固用 2 卷锚固剂，1 卷 CK2355 型锚固剂（钻孔底部）和 1 卷 K2355 型锚固剂。锚杆扭矩为 300 N·m，锚固力为 150 kN。

锚索选用规格为 ϕ21.8 mm×5 000 mm（1×19 股）的高强度低松弛预应力钢绞线，锚索呈“矩形”布置，沿巷道掘进方向每隔 2 000 mm 布置 1 组，每组 3 根，在巷道正顶布置 1 根，在距巷道中线两端 1 500 mm 处各布置 1 根，锚索垂直于巷道顶板轮廓线；选用规格为 300 mm×300 mm×14 mm 的可调心拱形高强度锚索托盘配球形垫叠加安装。锚索预紧力为 200 kN，锚固力为 360 kN。每根锚索锚固用 3 卷锚固剂，1 卷 CK2355 型锚固剂（钻孔底部）和 2 卷 K2355 型锚固剂。

（3）铺网：采用 ϕ6 mm 的钢筋网，规格为 2 000 mm×1 050 mm，网格大小为 120 mm×120 mm。

（4）喷浆：巷道设计喷层厚度为 100 mm，基础厚度为 100 mm。喷射混凝土强度等级为 C20。

九采区南翼集中回风巷断面支护图 5-2-2 详见附录 5。

三、南翼集中胶带巷

(1) 巷道断面设计为半圆拱形。掘宽为 4 000 mm,净宽为 3 800 mm,掘高为 3 200 mm,净高为 3 100 mm。

(2) 支护方式:顶、帮锚杆均采用 ϕ22 mm×2 200 mm 的左旋无纵筋螺纹钢锚杆,均垂直于巷道轮廓线并呈“矩形”布置,间距为 800 mm,排距为 1 000 mm。锚杆用钢带托板与托盘叠加安装,托板要密贴巷帮不松劲,托盘规格(长×宽×厚)为150 mm×150 mm×10 mm,承载能力不低于 250 kN。每根锚杆锚固用 2 卷锚固剂,1 卷 CK2355 型锚固剂(钻孔底部)和 1 卷 K2355 型锚固剂。锚杆扭矩为 210 N·m,锚固力为 150 kN。

锚索选用规格为 ϕ21.8 mm×5 000 mm 的高强度低松弛预应力钢绞线,呈“矩形”布置,沿巷道掘进方向每隔 2 000 mm 布置 1 组,每组 3 根,在巷道正顶布置 1 根,在距巷道中线两端 1 300 mm 处各布置 1 根,锚索垂直于巷道顶板轮廓线;选用规格为 300 mm×300 mm×10 mm 的高强度锚索托盘配锁具叠加安装。锚索预紧力为 140 kN,锚固力为 200 kN。每根锚索锚固用 2 卷锚固剂,1 卷 CK2355 型锚固剂(钻孔底部)和 1 卷 K2355 型锚固剂。

(3) 铺网:采用 ϕ6 mm 的钢筋网,规格为 2 000 mm×1 050 mm,网格大小为 120 mm×120 mm。

(4) 喷浆:巷道设计喷层厚度为 100 mm,基础厚度为 100 mm。喷射混凝土强度等级为 C20。

九采区南翼集中胶带巷断面支护图 5-2-3 详见附录 5。

附录

巷道断面支护图册

附录 1　主要井筒巷道断面支护图

1. 主斜井巷道断面支护图 1-1

主斜井巷道断面支护图	1-1	
	比例	1:50

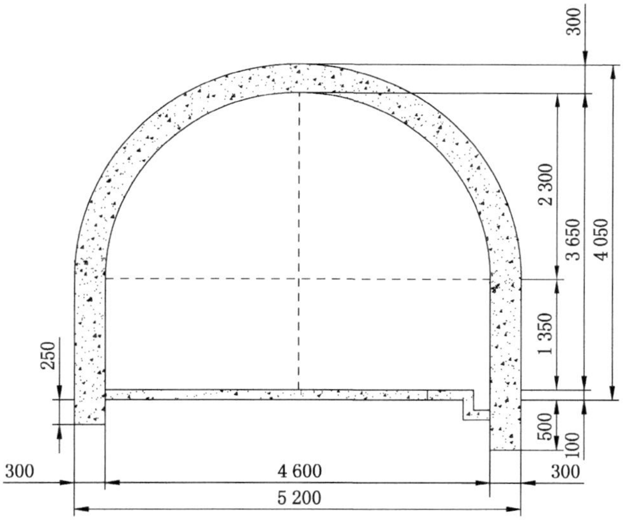

巷道断面特征表

支护方式	厚度/mm	宽度/mm		断面积/m²		水沟净断面积/m²
		净	掘进	净	掘进	
混凝土砌碹	300	4 600	5 200	14.1	17.6	0.09

2. 副一斜井巷道断面支护图 1-2

副一斜井巷道断面支护图	1-2	
	比例	1:50

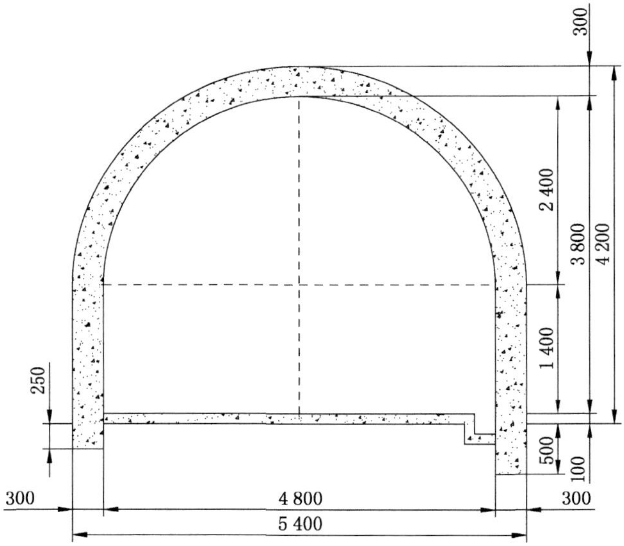

巷道断面特征表

支护方式	厚度/mm	宽度/mm		断面积/m^2		水沟净断面积/m^2
		净	掘进	净	掘进	
混凝土砌碹	300	4 800	5 400	15.7	19.6	0.09

3. 副二斜井巷道断面支护图 1-3

副二斜井巷道断面支护图	1-3	
	比例	1:50

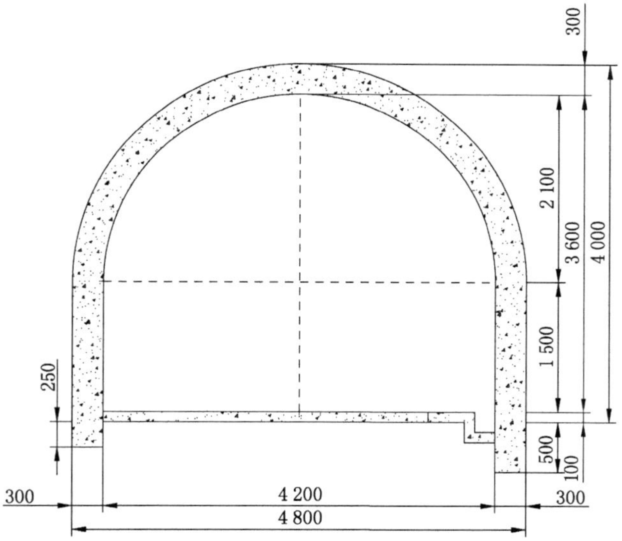

巷道断面特征表

支护方式	厚度/mm	宽度/mm		断面积/m^2		水沟净断面积/m^2
		净	掘进	净	掘进	
混凝土砌碹	300	4 200	4 800	13.2	16.7	0.09

4. 东进风斜井巷道断面支护图 1-4-1、图 1-4-2

东进风斜井（表土段）巷道断面支护图	1-4-1	
	比例	1:50

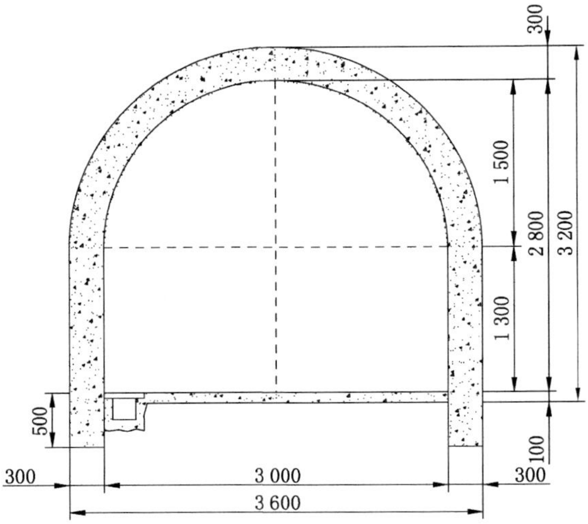

巷道断面特征表

断面积/m^2			掘进尺寸/mm		支护	
净	掘进	基础	宽	高	方式	厚度/mm
7.43	10.13	0.30	3 600	3 200	混凝土砌碹	300

东进风斜井（基岩段）巷道断面支护图	1-4-2	
	比例	1:50

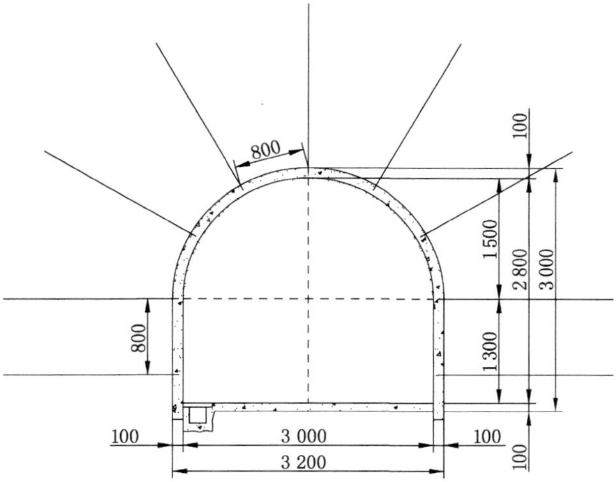

巷道断面特征表

断面积/m²		掘进尺寸/mm		支护方式	喷射厚度/mm	锚杆支护参数				
净	掘进	宽	高			类型	排列方式	间排距/mm	长度/mm	直径/mm
7.43	8.50	3 200	3 000	锚喷	100	顶锚杆	矩形	800×800	2 200	22
						帮锚杆		800×800	2 200	22

5. 南回风斜井巷道断面支护图 1-5-1、图 1-5-2

南回风斜井（表土段）巷道断面支护图	1-5-1	
	比例	1:50

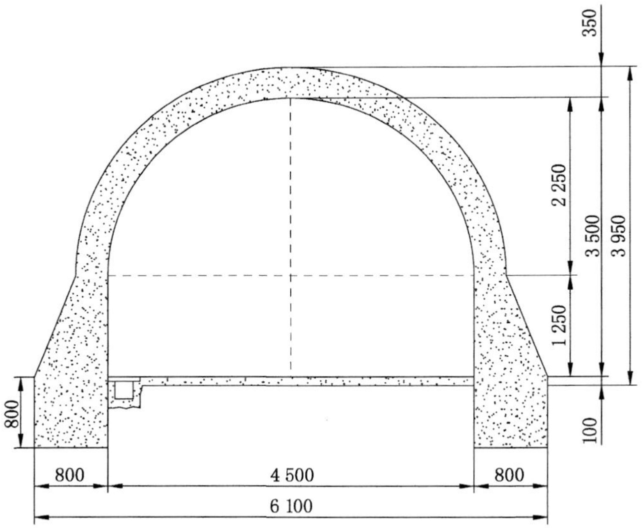

巷道断面特征表

断面积/m²			掘进尺寸/mm		支护	
净	掘进	基础	宽	高	方式	厚度/mm
13.57	18.77	1.28	6 100	3 950	混凝土砌碹	350

南回风斜井（基岩段）巷道断面支护图	1-5-2	
	比例	1:50

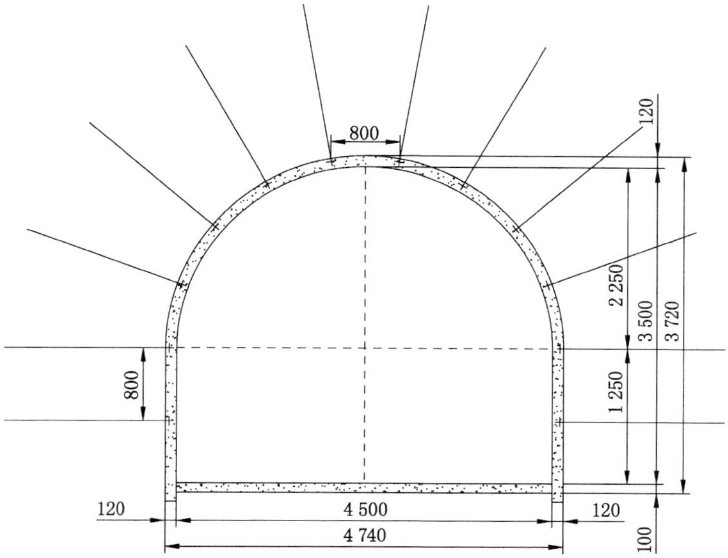

巷道断面特征表

断面积/m^2		掘进尺寸/mm		支护方式	喷射厚度/mm	锚杆支护参数				
净	掘进	宽	高			类型	排列方式	间排距/mm	长度/mm	直径/mm
13.57	15.22	4 740	3 720	锚喷	120	顶锚杆	矩形	800×800	2 200	22
						帮锚杆		800×800	2 200	22

6. 九采区进风斜井巷道断面支护图 1-6

九采区进风斜井巷道断面支护图	1-6	
	比例	1:50

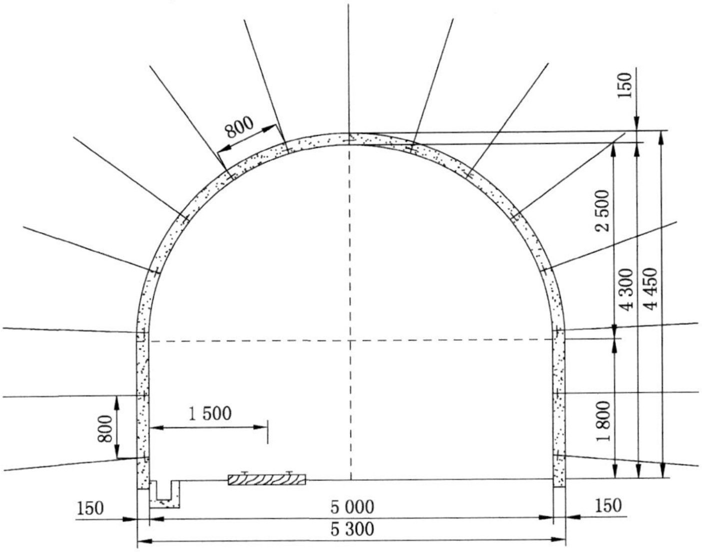

巷道断面特征表

断面积/m²		掘进尺寸/mm		支护方式	喷射厚度/mm	锚杆支护参数				
净	掘进	宽	高			类型	排列方式	间排距/mm	长度/mm	直径/mm
18.82	20.57	5 300	4 450	锚网喷	150	顶锚杆	矩形	800×800	2 200	20
						帮锚杆		800×800	2 200	20

7. 九采区回风立井巷道断面支护图 1-7

九采区回风立井巷道断面支护图	1-7	
	比例	1:50

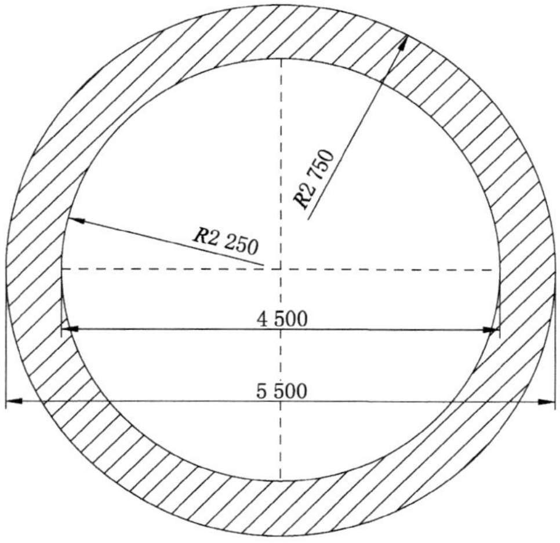

巷道断面特征表

断面积/m^2		掘进尺寸/mm		支护	
净	掘进	掘进半径	净半径	方式	厚度/mm
15.90	23.76	2 750	2 250	混凝土砌碹	500

8. 二号进风斜井巷道断面支护图 1-8

二号进风斜井巷道断面支护图	1-8	
	比例	1:50

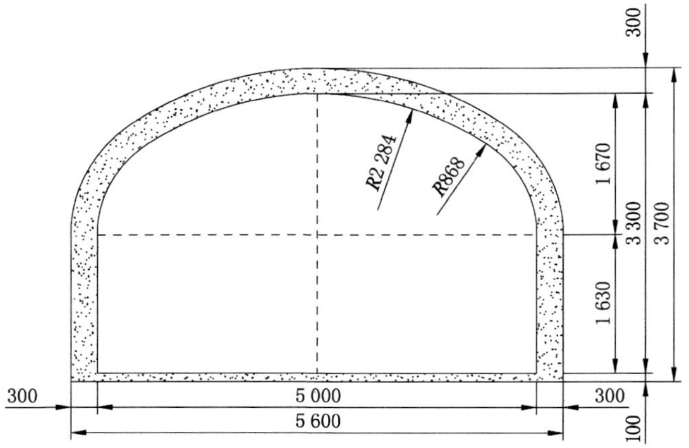

巷道断面特征表

断面积/m^2		掘进尺寸/mm		支护	
净	掘进	宽	高	方式	厚度/mm
14.7	18.4	5 600	3 700	混凝土砌碹	300

9. 王家庄回风斜井巷道断面支护图 1-9

王家庄回风斜井巷道断面支护图	1-9	
	比例	1:50

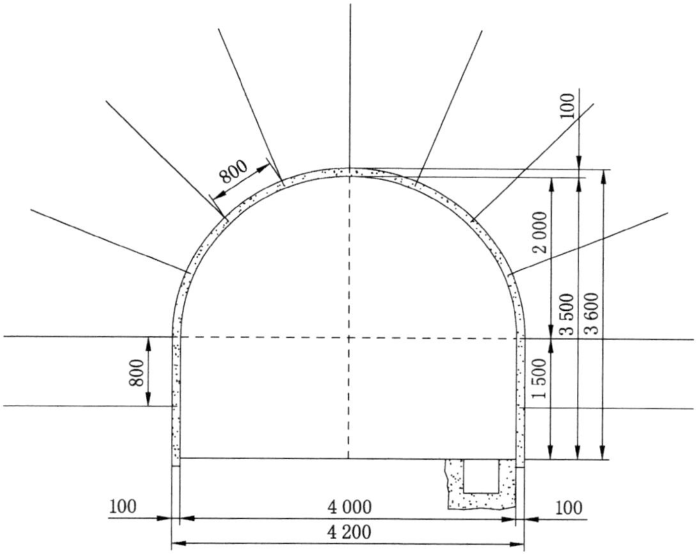

巷道断面特征表

断面积/m^2		掘进尺寸/mm		支护方式	喷射厚度/mm	锚杆支护参数				
净	掘进	宽	高			类型	排列方式	间排距/mm	长度/mm	直径/mm
12.28	13.22	4 200	3 600	锚喷	100	顶锚杆	矩形	800×800	2 200	22
						帮锚杆		800×800	2 200	22

附录 2　十采区巷道断面支护图

1. 十采区煤层综合柱状图 2-1-1

十采区煤层综合柱状图	2-1-1	
	比例	示意

厚度/m	柱状	层号	岩石名称	岩性描述
5.30	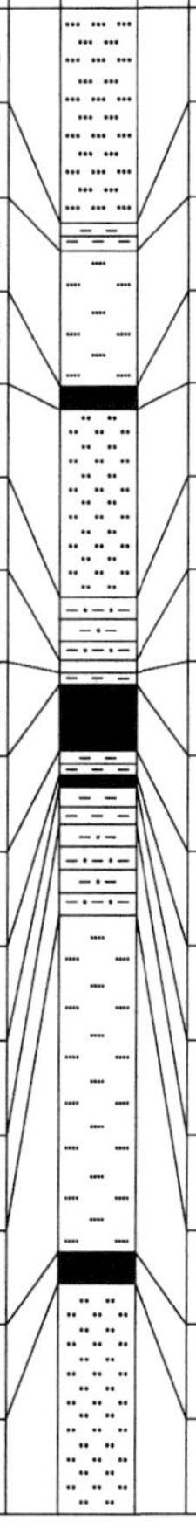	16	细粒砂岩	灰色，胶结较硬，含有机条带，夹中粒砂岩薄层
0.70		15	泥岩	深灰色，块状，含植物碎片化石
3.40		14	粉砂岩	褐灰色，中厚层状，具裂隙，半坚硬
0.60		13	1号煤	黑色，暗淡型煤
4.70		12	中粒砂岩	灰色，中厚层状，水平层理，成分以石英、长石为主，夹少量暗色矿物
1.60		11	砂质泥岩	中厚层状，块状，含植物化石碎片，性脆，方解石填充
0.30		10	2号上煤	黑色，半亮型煤
0.30		9	泥岩	黑色，块状，含植物化石碎片，质均，性脆，松软
1.65		8	2号煤	黑色，半亮型煤
0.60		7	泥岩	深灰色，水平层理，含植物叶片化石
0.30		6	2号下煤	黑色，碎块状，半亮型煤
0.90		5	泥岩	深灰色，水平层理
2.22		4	砂质泥岩	深灰色，水平层理，含植物碎片化石及菱铁质，夹粉砂薄层
8.32		3	粉砂岩	灰色，硬度大
0.76		2	3号煤	黑色，碎块状，半亮型煤
5.70		1	中粒砂岩	灰色，厚层状，均匀层理，成分以石英、长石为主，含少量暗色矿物及白云母碎片

2. 十采区胶带巷断面支护图 2-2-1～图 2-2-6

十采区胶带巷第一段施工断面支护图	2-2-1	
	比例	1:50

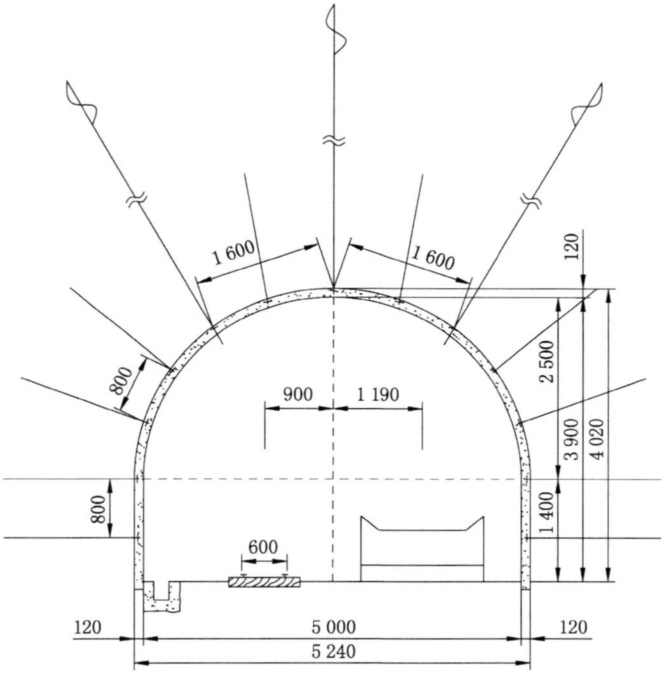

巷道断面特征表

断面积/m²		掘进尺寸/mm		支护方式	喷射厚度/mm	锚杆（索）支护参数				
净	掘进	宽	高			类型	排列方式	间排距/mm	长度/mm	直径/mm
16.81	18.11	5 240	4 020	锚网喷	120	顶锚杆	矩形	800×800	2 200	22
						帮锚杆		800×800	1 800	16
						锚索	三花形	1 600（排距）	5 000	21.6

十采区胶带巷第二段施工断面支护图	2-2-2	
	比例	1:50

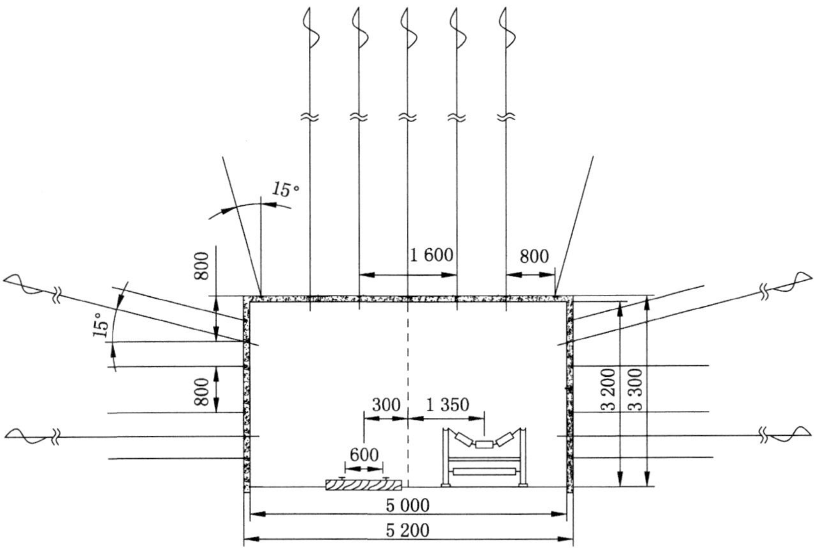

巷道断面特征表

断面积/m²		掘进尺寸/mm		支护方式	喷射厚度/mm	锚杆（索）支护参数				
净	掘进	宽	高			类型	排列方式	间排距/mm	长度/mm	直径/mm
16.00	17.16	5 200	3 300	锚网喷	100	顶锚杆	矩形	800×800	2 400	22
						帮锚杆		800×800	2 400	22
						顶锚索	五花形	1 600×1 600	7 000	21.6
						帮锚索	矩形	1 600×1 600	7 000	21.6

十采区胶带巷第三段施工断面支护图	2-2-3	
	比例	1:50

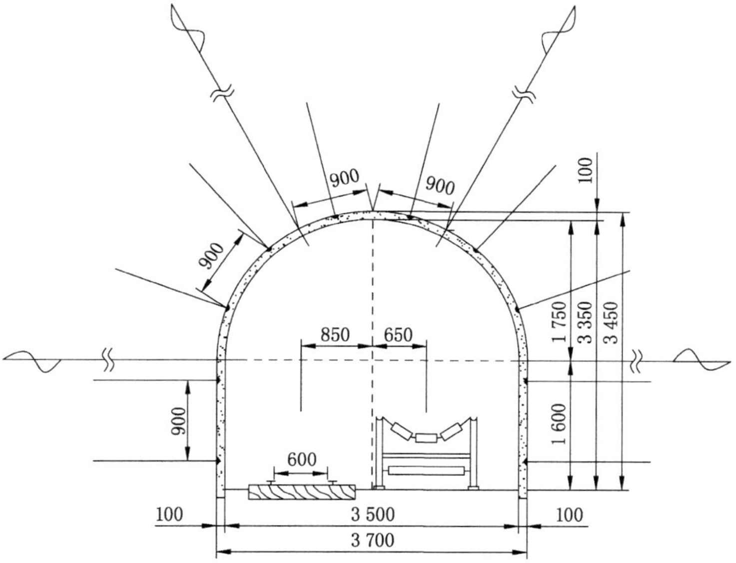

巷道断面特征表

断面积/m^2		设计尺寸/mm		支护方式	喷射厚度/mm	锚杆（索）支护参数				
净	掘进	宽	高			类型	排列方式	间排距/mm	长度/mm	直径/mm
10.4	11.3	3 700	3 450	锚网喷	100	顶锚杆	矩形	900×1 000	2 400	22
						帮锚杆		900×1 000	2 400	22
						顶锚索		2 000（排距）	6 000	21.8
						帮锚索		0×2 000	6 000	21.8

十采区胶带巷第一段维修断面支护图	2-2-4	
	比例	1:50

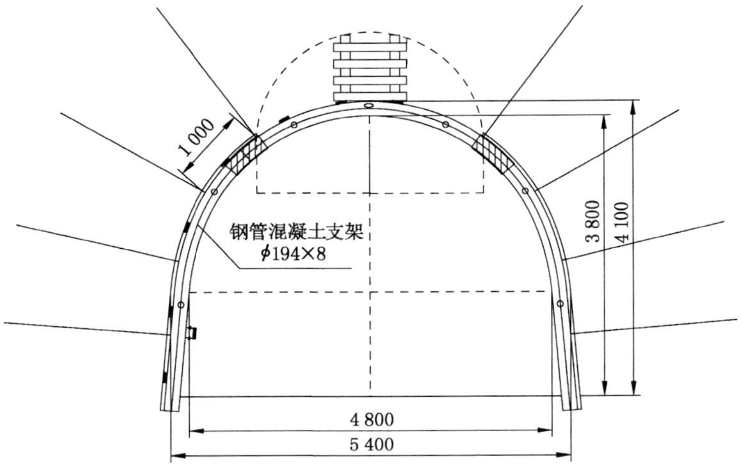

巷道断面特征表

断面积/m^2		掘进尺寸/mm		支护方式	喷射厚度/mm	锚杆支护参数				
净	掘进	宽	高			类型	排列方式	间排距/mm	长度/mm	直径/mm
15.8	19.1	5 400	4 100	锚网喷+钢管混凝土支架	100	锚杆	矩形	1 000×1 000	2 400	22

十采区胶带巷第二段维修断面支护图	2-2-5	
	比例	1:50

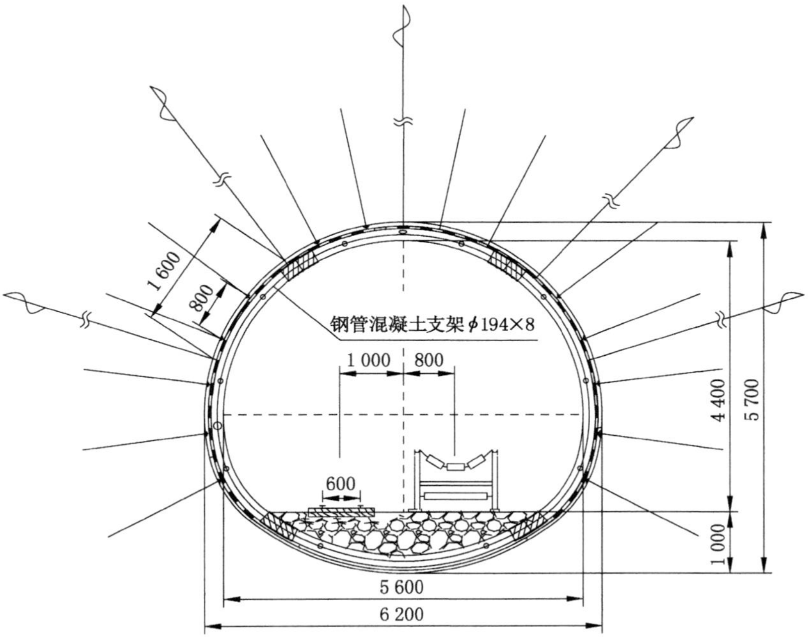

巷道断面特征表

断面积/m²		掘进尺寸/mm		支护方式	喷射厚度/mm	锚杆（索）支护参数				
净	掘进	宽	高			类型	排列方式	间排距/mm	长度/mm	直径/mm
20.52	27.86	6 200	5 700	锚网喷+钢管混凝土支架	100	锚杆	矩形	800×1 000	2 400	22
						注浆锚索		1 600×2 000	6 000	21.8

3. 十采区轨道巷断面支护图 2-2-6～图 2-2-8

十采区轨道巷第一段施工断面支护图	2-2-6	
	比例	1:50

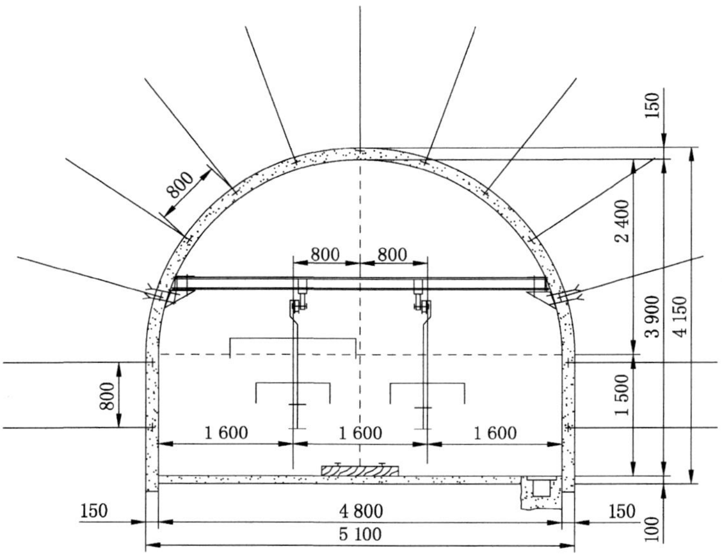

巷道断面特征表

断面积/m²		掘进尺寸/mm		支护方式	喷射厚度/mm	锚杆支护参数				
净	掘进	宽	高			类型	排列方式	间排距/mm	长度/mm	直径/mm
16.24	18.37	5 100	4 150	锚网喷	150	顶锚杆	矩形	800×800	2 200	22
						帮锚杆		800×800	2 200	22

十采区轨道巷第二段施工断面支护图	2-2-7	
	比例	1:50

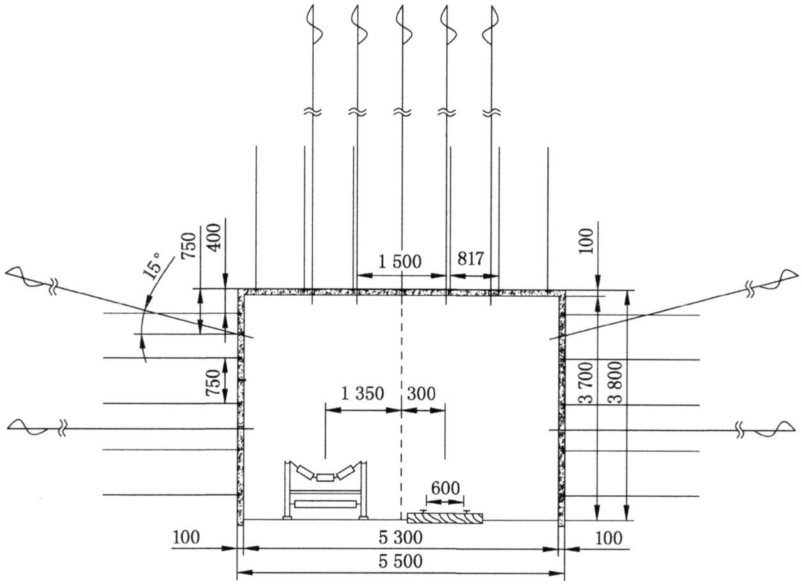

巷道断面特征表

断面积/m^2		掘进尺寸/mm		支护方式	喷射厚度/mm	锚杆（索）支护参数				
净	掘进	宽	高			类型	排列方式	间排距/mm	长度/mm	直径/mm
19.61	20.90	5 500	3 800	锚网喷	100	顶锚杆	矩形	817×800	2 400	22
						帮锚杆		750×800	2 400	22
						顶锚索	五花形	1 500×1 600	6 000	21.8
						帮锚索	矩形	1 500×1 600	6 000	21.8

十采区轨道巷维修断面支护图	2-2-8	
	比例	1:50

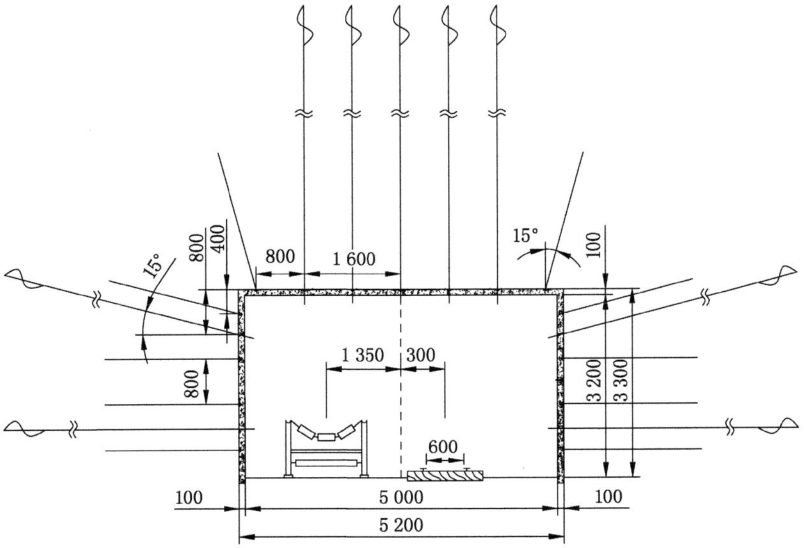

巷道断面特征表

断面积/m²		掘进尺寸/mm		支护方式	喷射厚度/mm	锚杆（索）支护参数				
净	掘进	宽	高			类型	排列方式	间排距/mm	长度/mm	直径/mm
16.00	17.16	5 200	3 300	锚网喷	100	顶锚杆	矩形	800×800	2 400	22
						帮锚杆		800×800	2 400	22
						顶锚索	五花形	1 600×1 600	7 000	21.6
						帮锚索	矩形	1 600×1 600	7 000	21.6

4. 十采区回风巷断面支护图 2-2-9～图 2-2-12

十采区回风巷第一段施工断面支护图	2-2-9	
	比例	1:50

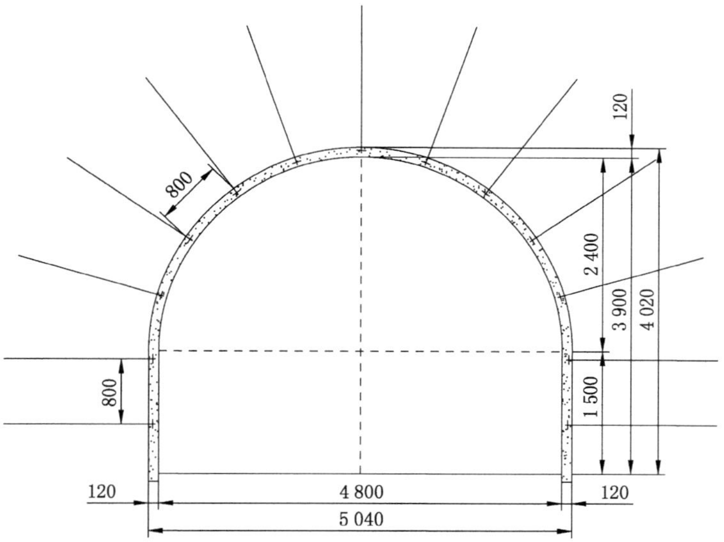

巷道断面特征表

断面积/m^2		掘进尺寸/mm		支护方式	喷射厚度/mm	锚杆支护参数				
净	掘进	宽	高			类型	排列方式	间排距/mm	长度/mm	直径/mm
16.24	17.54	5 040	4 020	锚网喷	120	顶锚杆	矩形	800×800	2 200	22
						帮锚杆		800×800	1 800	16

十采区回风巷第二段施工断面支护图	2-2-10	
	比例	1:50

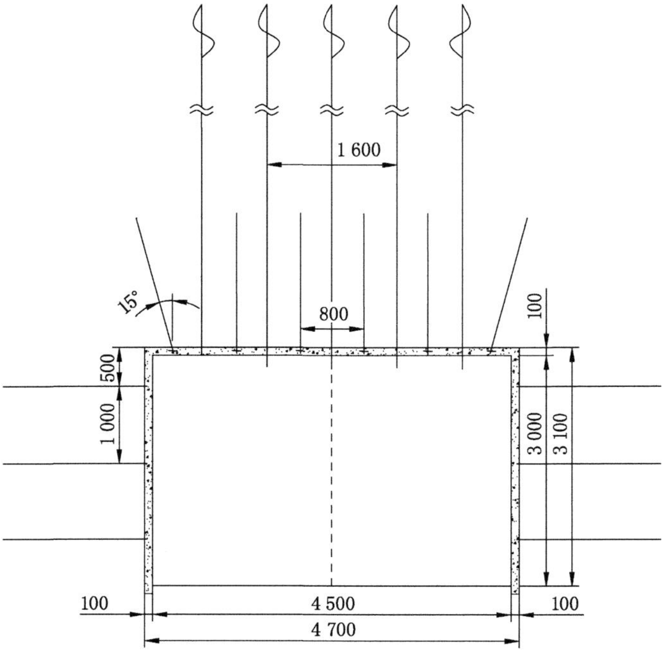

巷道断面特征表

断面积/m^2		掘进尺寸/mm		支护方式	喷射厚度/mm	锚杆（索）支护参数				
净	掘进	宽	高			类型	排列方式	间排距/mm	长度/mm	直径/mm
13.50	14.57	4 700	3 100	锚网喷	100	顶锚杆	矩形	800×800	2 200	22
						帮锚杆		1 000×800	1 800	16
						锚索	五花形	1 600×1 600	6 000	21.8

十采区回风巷第三段施工断面支护图	2-2-11	
	比例	1:50

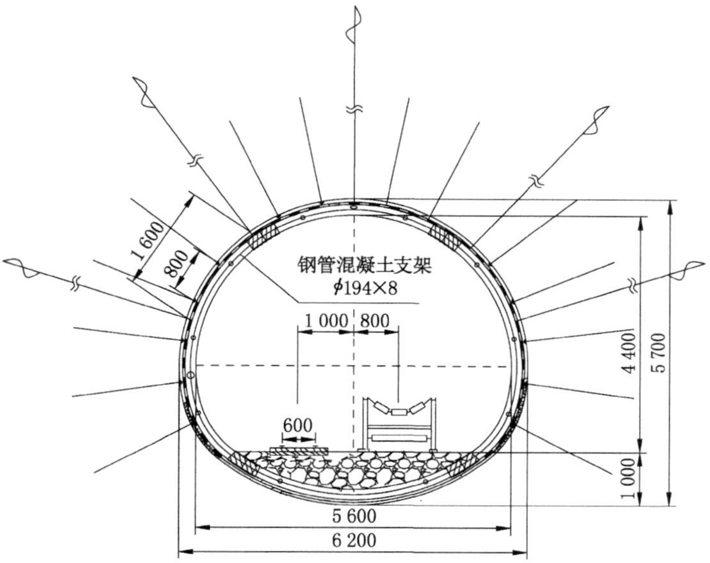

巷道断面特征表

断面积/m²		掘进尺寸/mm		支护方式	喷射厚度/mm	锚杆（索）支护参数				
净	掘进	宽	高			类型	排列方式	间排距/mm	长度/mm	直径/mm
20.52	27.86	6 200	5 700	锚网喷+钢管混凝土支架	100	锚杆	矩形	800×1 000	2 400	22
						注浆锚索		1 600×2 000	6 000	21.8

十采区回风巷维修断面支护图	2-2-12	
	比例	1:50

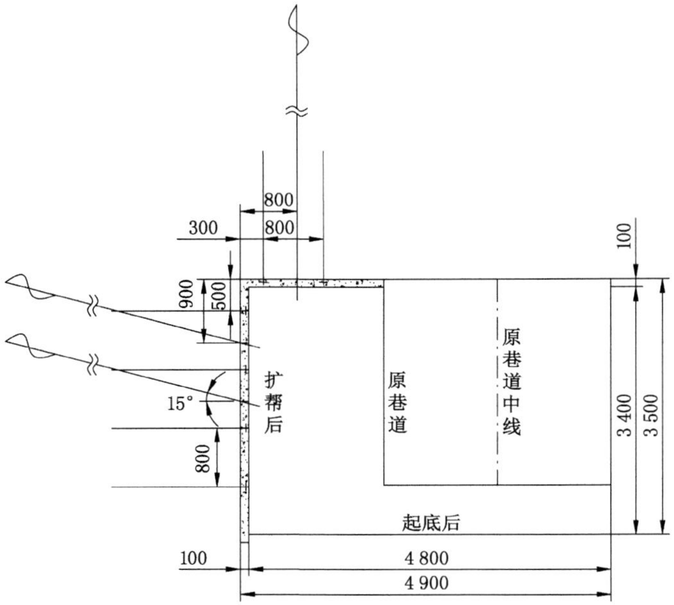

巷道断面特征表

断面积/m²		掘进尺寸/mm		支护方式	喷射厚度/mm	锚杆(索)支护参数				
净	掘进	宽	高			类型	排列方式	间排距/mm	长度/mm	直径/mm
16.32	17.15	4 900	3 500	锚网喷	100	顶锚杆	矩形	800×800	2 400	22
						帮锚杆	矩形	800×800	2 400	22
						顶注浆锚索	矩形	0×800	5 200	21.8
						帮注浆锚索	—	0×1 600	4 200	21.8

5. 十采区王家庄风井排水绕道断面支护图 2-2-13

十采区王家庄风井排水绕道断面支护图	2-2-13	
	比例	1:50

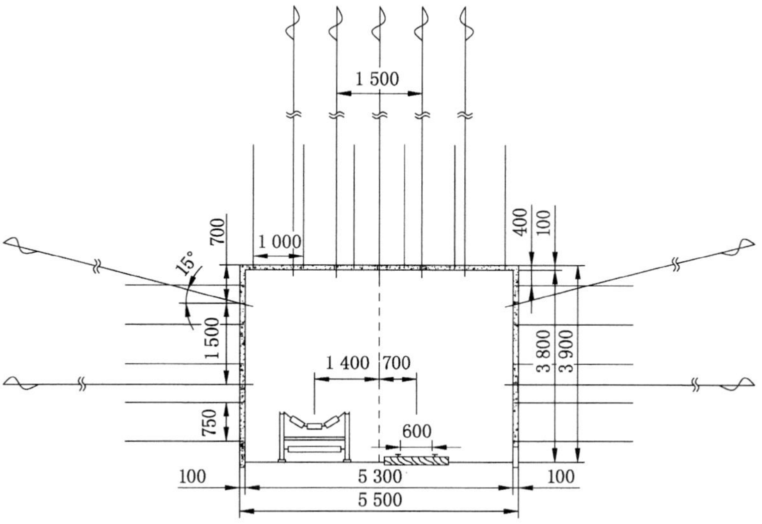

巷道断面特征表

断面积/m²		掘进尺寸/mm		支护方式	喷射厚度/mm	锚杆（索）支护参数				
净	掘进	宽	高			类型	排列方式	间排距/mm	长度/mm	直径/mm
20.1	21.5	5 500	3 900	锚网喷	100	顶锚杆	矩形	1 000×1 000	2 400	22
						帮锚杆		750×1 000	2 400	22
						顶锚索	二〇三〇	1 500×4 000	6 000	21.8
						帮锚索	矩形	1 500×2 000	5 000	21.8

6. 十采区+700 m胶带巷断面支护图 2-2-14

十采区+700 m胶带巷断面支护图	2-2-14	
	比例	1:50

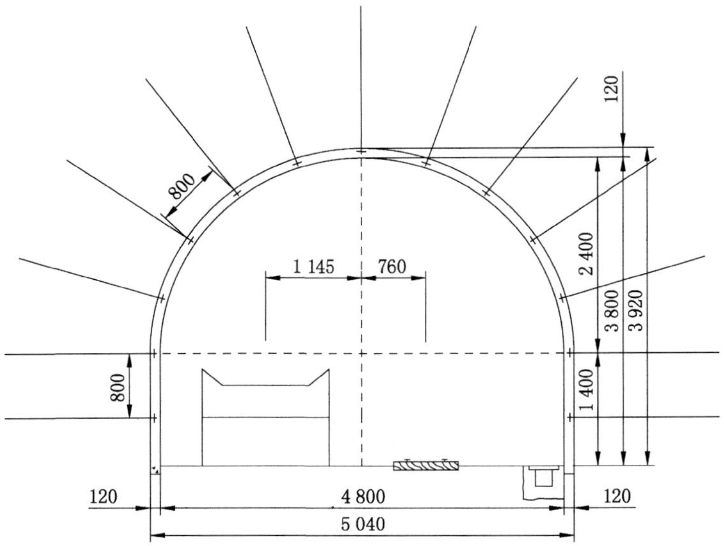

巷道断面特征表

断面积/m^2		掘进尺寸/mm		支护方式	喷射厚度/mm	锚杆支护参数				
净	掘进	宽	高			类型	排列方式	间排距/mm	长度/mm	直径/mm
15.77	17.03	5 040	3 920	锚网喷	120	顶锚杆	矩形	800×800	2 200	22
						帮锚杆		800×800	2 200	22

7．十采区＋700 m 轨道巷断面支护图 2-2-15

十采区+700 m轨道巷断面支护图	2-2-15	
	比例	1:50

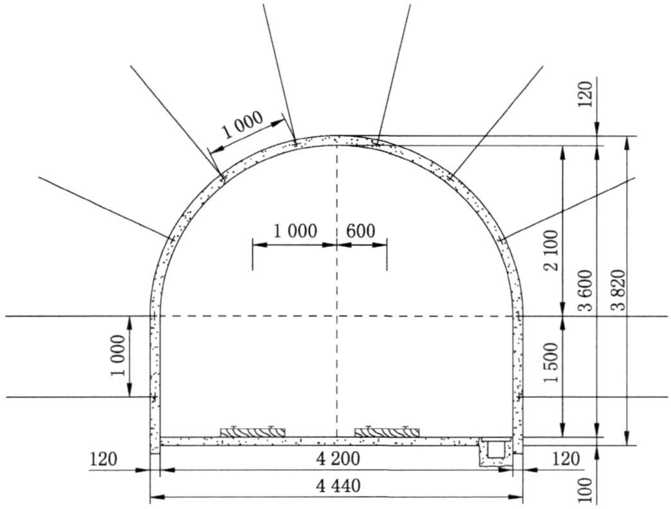

巷道断面特征表

断面积/m²		掘进尺寸/mm		支护方式	喷射厚度/mm	锚杆支护参数				
净	掘进	宽	高			类型	排列方式	间排距/mm	长度/mm	直径/mm
13.22	14.85	4 440	3 820	锚网喷	120	顶锚杆	矩形	1 000×800	2 200	22
						帮锚杆		1 000×800	1 800	16

8. 十采区集中轨道巷断面支护图 2-2-16

十采区集中轨道巷断面支护图	2-2-16	
	比例	1:50

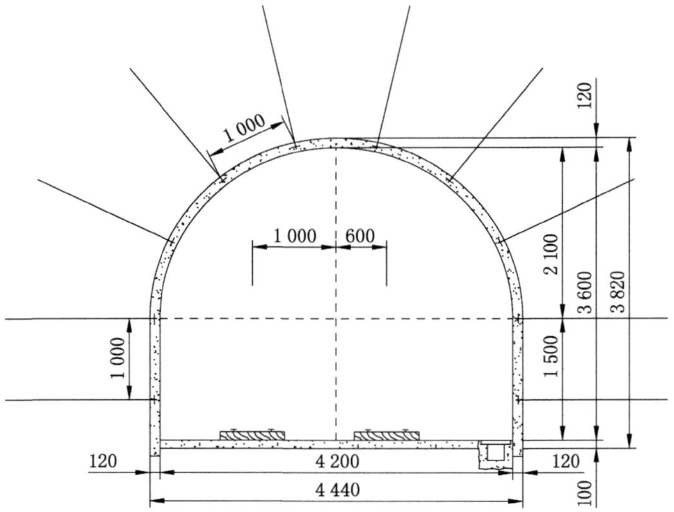

巷道断面特征表

断面积/m^2		掘进尺寸/mm		支护方式	喷射厚度/mm	锚杆支护参数				
净	掘进	宽	高			类型	排列方式	间排距/mm	长度/mm	直径/mm
13.22	14.85	4 440	3 820	锚网喷	120	顶锚杆	矩形	1 000×800	2 200	22
						帮锚杆		1 000×800	1 800	16

9. 十采区集中胶带巷断面支护图 2-2-17

十采区集中胶带巷断面支护图	2-2-17	
	比例	1:50

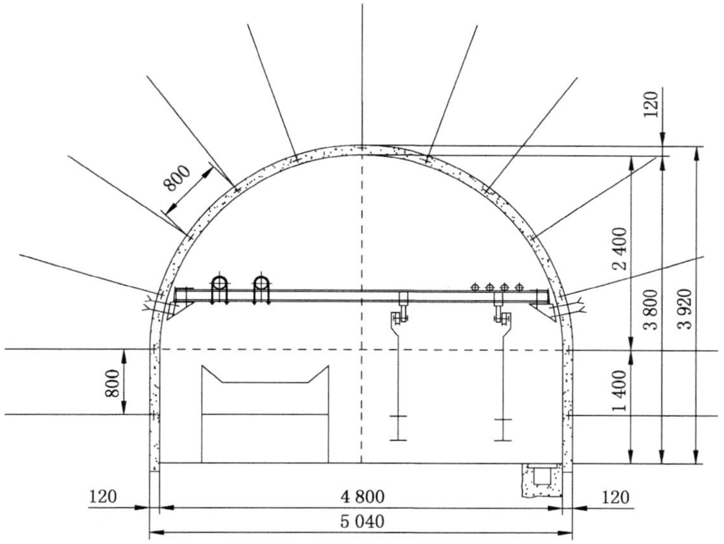

巷道断面特征表

断面积/m²		掘进尺寸/mm		支护方式	喷射厚度/mm	锚杆支护参数				
净	掘进	宽	高			类型	排列方式	间排距/mm	长度/mm	直径/mm
15.77	17.03	5 040	3 920	锚网喷	120	顶锚杆	矩形	800×800	2 200	22
						帮锚杆		800×800	1 800	16

10．十采区集中回风巷断面支护图 2-2-18

十采区集中回风巷断面支护图	2-2-18	
	比例	1:50

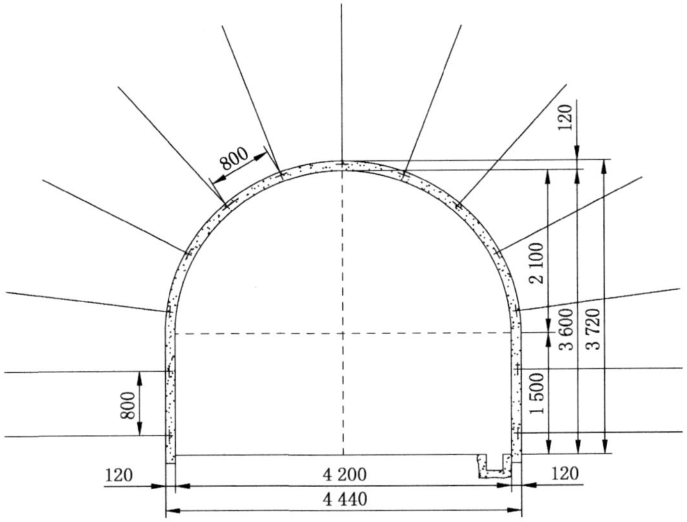

巷道断面特征表

断面积/m^2		掘进尺寸/mm		支护方式	喷射厚度/mm	锚杆支护参数				
净	掘进	宽	高			类型	排列方式	间排距/mm	长度/mm	直径/mm
13.23	14.40	4 440	3 720	锚网喷	120	顶锚杆	矩形	800×800	2 200	22
						帮锚杆		800×800	1 800	16

11. 十采区 10219 运输巷断面支护图 2-2-19

十采区10219运输巷断面支护图	2-2-19	
	比例	1:50

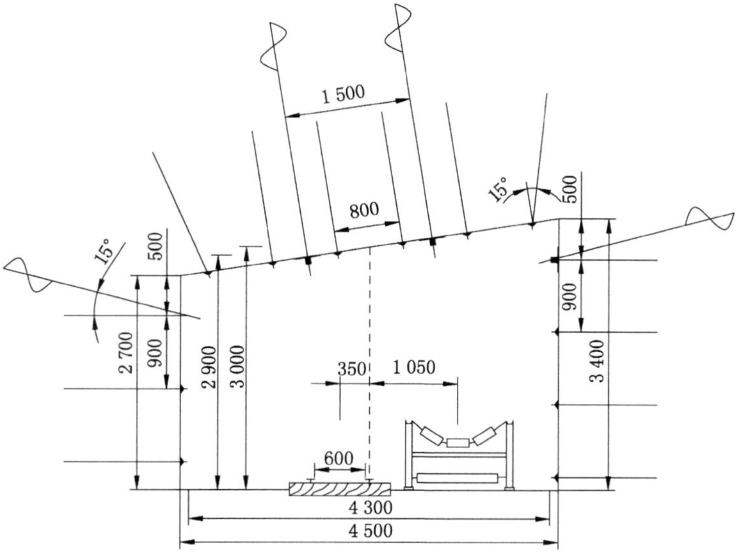

巷道断面特征表

断面积/m²		掘进尺寸/mm		支护方式	锚杆（索）支护参数				
净	掘进	宽	高		类型	排列方式	间排距/mm	长度/mm	直径/mm
12.69	13.73	4 500	3 000	锚网	顶锚杆	矩形	800×1 000	2 400	22
					帮锚杆		900×1 000	1 800	16
					顶锚索		1 500×2 000	4 500	21.6
					帮锚索		0×2 000	4 500	21.6

12. 十采区10219材料巷施工断面支护图2-2-20

十采区10219材料巷施工断面支护图	2-2-20	
	比例	1:50

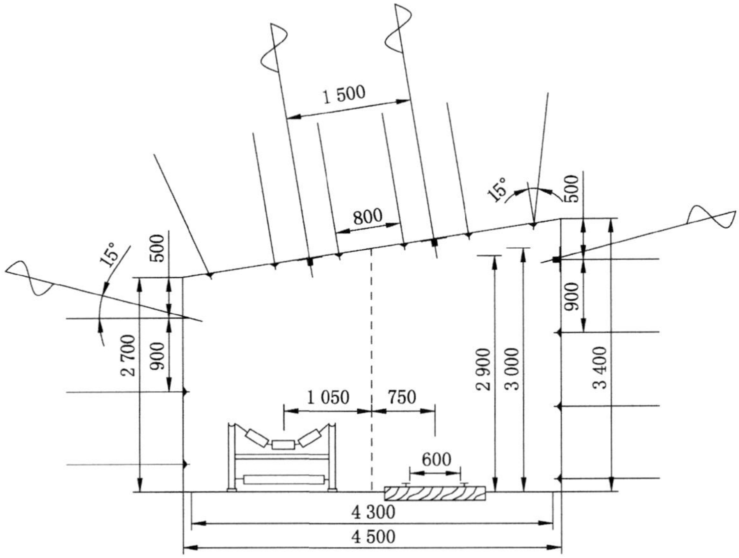

巷道断面特征表

断面积/m²		掘进尺寸/mm		支护方式	锚杆（索）支护参数				
净	掘进	宽	高		类型	排列方式	间排距/mm	长度/mm	直径/mm
12.69	13.73	4 500	3 000	锚网	顶锚杆	矩形	800×1 000	2 400	22
					帮锚杆		900×1 000	1 800	16
					顶锚索		1 500×2 000	4 500	21.6
					帮锚索		0×2 000	4 500	21.6

13. 十采区 10219 材料巷维修断面支护图 2-2-21

十采区10219材料巷维修断面支护图	2-2-21	
	比例	1:50

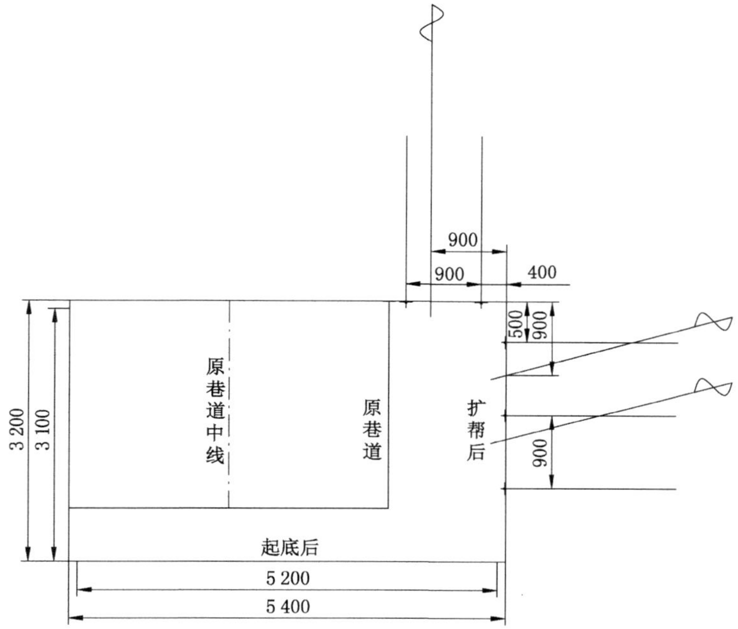

巷道断面特征表

断面积/m²		掘进尺寸/mm		支护方式	锚杆（索）支护参数				
净	掘进	宽	高		类型	排列方式	间排距/mm	长度/mm	直径/mm
16.12	17.28	5 400	3 200	锚网	顶锚杆	矩形	900×800	2 400	22
					帮锚杆		900×800	2 400	22
					顶锚索		0×1 600	7 000	21.8
					帮锚索	—	0×1 600	4 000	21.8

14. 十采区10219开切眼施工断面支护图2-2-22

十采区10219开切眼施工断面支护图	2-2-22	
	比例	1:50

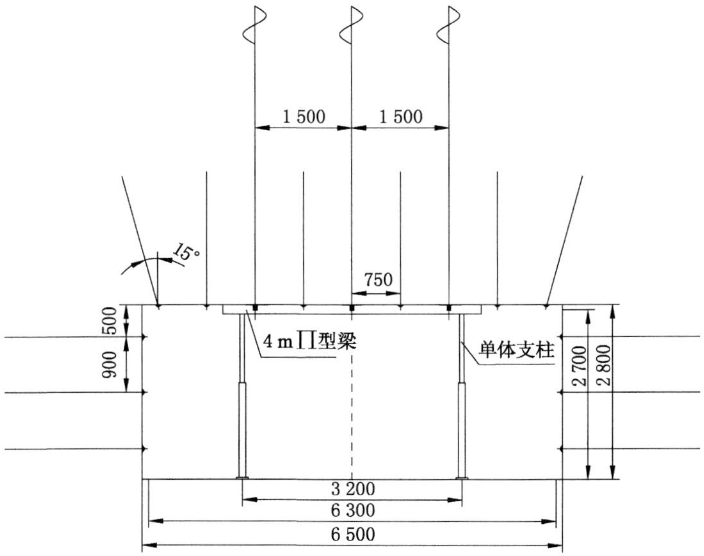

巷道断面特征表

断面积/m²		掘进尺寸/mm		支护方式	锚杆(索)支护参数				
净	掘进	宽	高		类型	排列方式	间排距/mm	长度/mm	直径/mm
17.01	18.20	6 500	2 800	锚网+∏型梁+单体支柱	顶锚杆	矩形	750×800	2 400	22
					帮锚杆		900×800	2 400	22
					锚索	三花形	1 500×1 600	6 000	21.6

附录 3 六采区巷道断面支护图

1. 六采区煤层综合柱状图 3-1-1

六采区煤层综合柱状图	3-1-1	
	比例	示意

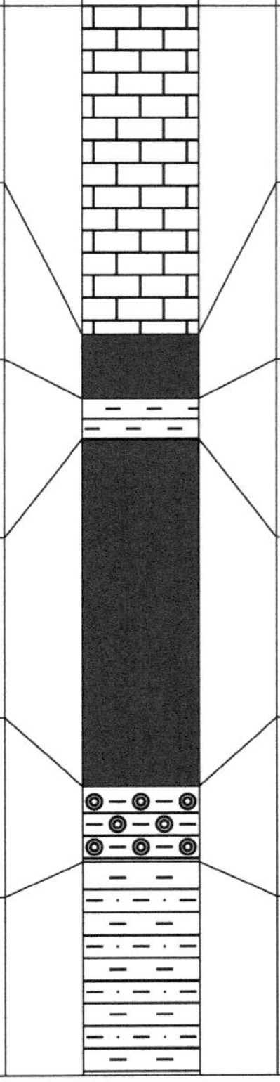

厚度/m	柱状	层号	岩石名称
7.01		6	K_2石灰岩
1.46 (1.35～1.58)		5	9号煤
0.85 (0.60～0.90)		4	泥岩
6.77 (6.51～7.03)		3	10+11号煤
1.60		2	铝质泥岩
4.50		1	砂质泥岩

2. 六采区轨道巷断面支护图 3-2-1～图 3-2-3

六采区轨道巷第一段断面支护图	3-2-1	
	比例	1:50

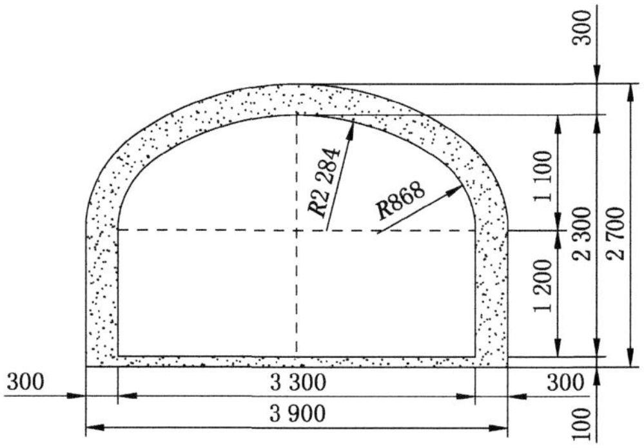

巷道断面特征表

断面积/m²		掘进尺寸/mm		支护	
净	掘进	宽	高	方式	厚度/mm
6.81	9.36	3 900	2 700	料石砌碹	300

六采区轨道巷第二段断面支护图	3-2-2	
	比例	1:50

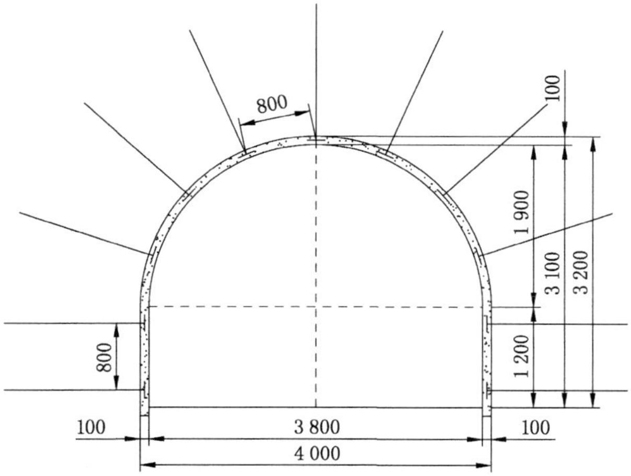

巷道断面特征表

断面积/m^2		掘进尺寸/mm		支护方式	喷射厚度/mm	锚杆支护参数				
净	掘进	宽	高			类型	排列方式	间排距/mm	长度/mm	直径/mm
10.23	11.08	4 000	3 200	锚网喷	100	顶锚杆	矩形	800×800	1 600	16
						帮锚杆		800×800	1 600	16

六采区轨道巷第三段断面支护图	3-2-3	
	比例	1:50

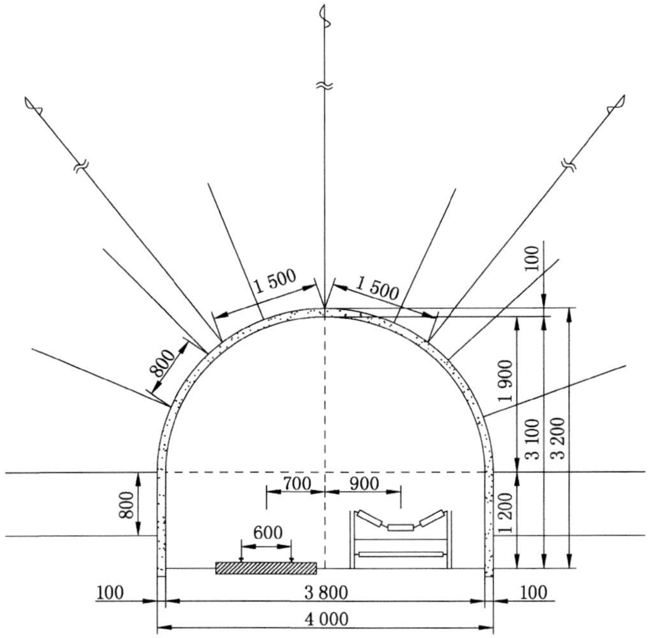

巷道断面特征表

断面积/m²		掘进尺寸/mm		支护方式	喷射厚度/mm	锚杆（索）支护参数				
净	掘进	宽	高			类型	排列方式	间排距/mm	长度/mm	直径/mm
10.23	11.08	4 000	3 200	锚网喷	100	顶锚杆	矩形	800×800	2 200	22
						帮锚杆		800×800	2 200	22
						锚索		1 500×1 600	5 000	21.6

3. 六采区胶带巷断面支护图 3-2-4～图 3-2-6

六采区胶带巷第一段断面支护图	3-2-4	
	比例	1:50

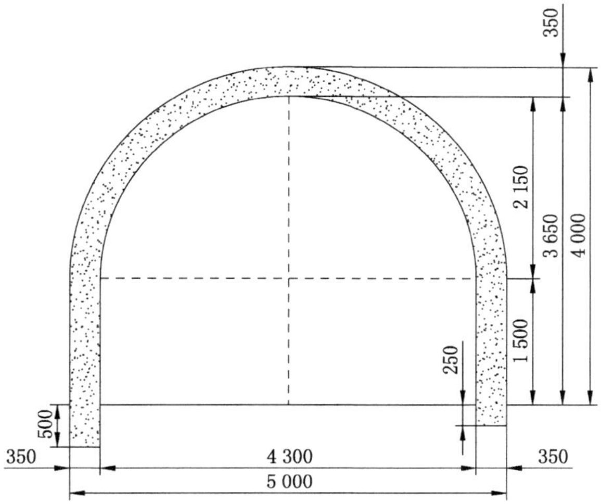

巷道断面特征表

断面积/m^2			掘进尺寸/mm		支护	
净	掘进	基础	宽	高	方式	厚度/mm
13.71	17.32	0.26	5 000	4 000	料石砌碹	350

六采区胶带巷第二段断面支护图	3-2-5	
	比例	1:50

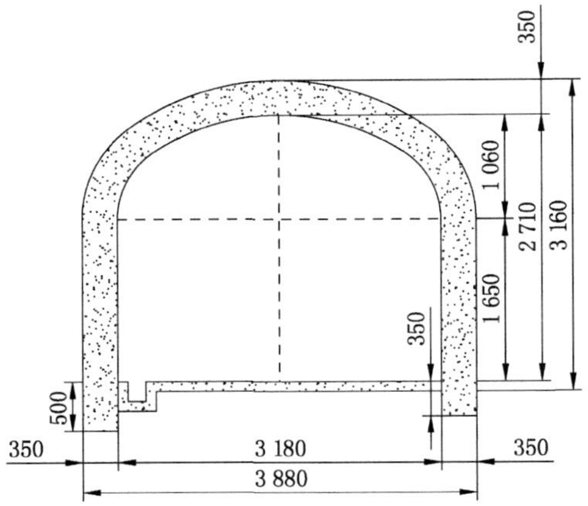

巷道断面特征表

断面积/m^2			掘进尺寸/mm		支护	
净	掘进	基础	宽	高	方式	厚度/mm
7.9	11.1	0.3	3 880	3 160	料石砌碹	350

六采区胶带巷第三段断面支护图	3-2-6	
	比例	1:50

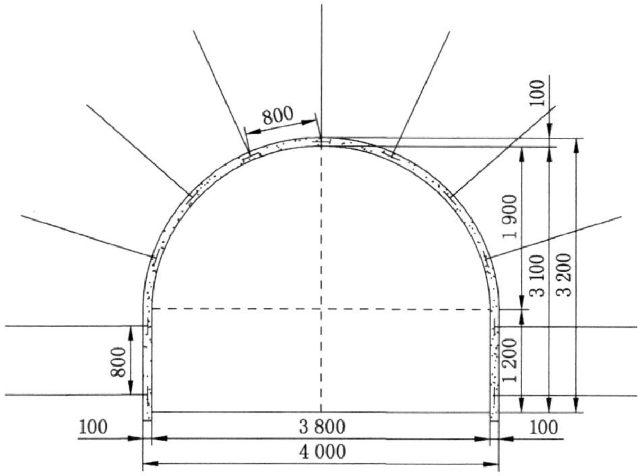

巷道断面特征表

断面积/m²		掘进尺寸/mm		支护方式	喷射厚度/mm	锚杆支护参数				
净	掘进	宽	高			类型	排列方式	间排距/mm	长度/mm	直径/mm
10.23	11.08	4 000	3 200	锚网喷	100	顶锚杆	矩形	800×800	1 600	16
						帮锚杆		800×800	1 600	16

4. 六采区回风巷断面支护图 3-2-7

六采区回风巷断面支护图	3-2-7	
	比例	1:50

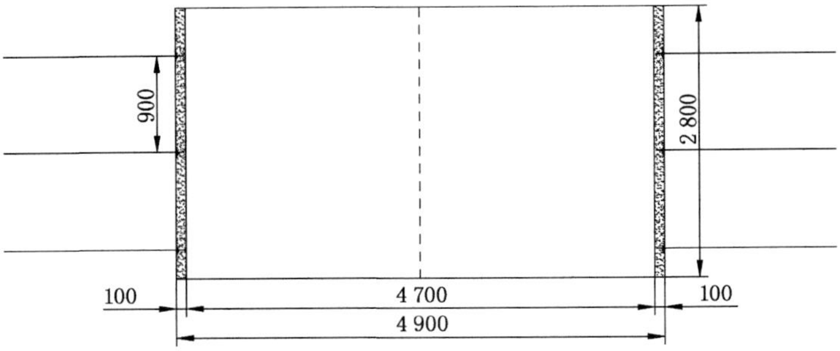

巷道断面特征表

断面积/m^2		掘进尺寸/mm		支护方式	喷射厚度/mm	锚杆支护参数				
净	掘进	宽	高			类型	排列方式	间排距/mm	长度/mm	直径/mm
13.16	13.72	4 900	2 800	锚喷	100	锚杆	矩形	900×800	1 800	16

5. 六采区行人巷断面支护图 3-2-8～图 3-2-10

六采区第一行人巷断面支护图	3-2-8	
	比例	1:50

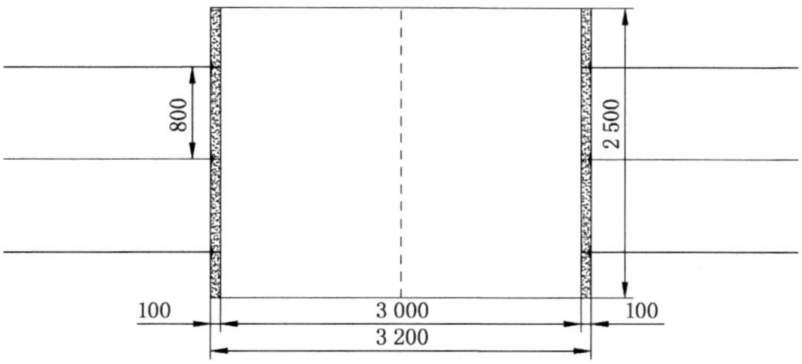

巷道断面特征表

断面积/m^2		掘进尺寸/mm		支护方式	喷射厚度/mm	锚杆支护参数				
净	掘进	宽	高			类型	排列方式	间排距/mm	长度/mm	直径/mm
7.5	8.0	3 200	2 500	锚喷	100	锚杆	矩形	800×800	1 800	16

六采区第二行人巷断面支护图	3-2-9	
	比例	1:50

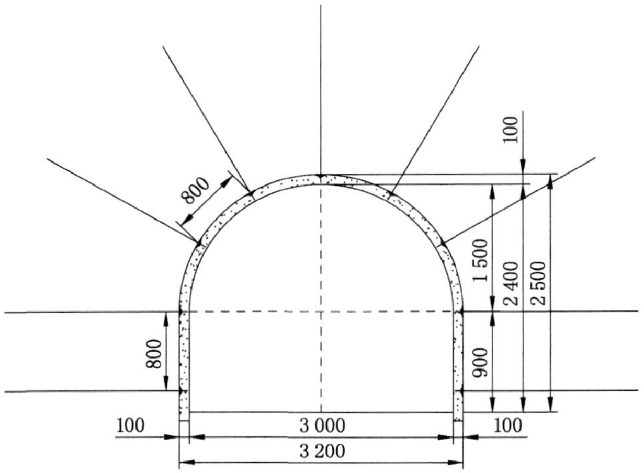

巷道断面特征表

断面积/m^2		掘进尺寸/mm		支护方式	喷射厚度/mm	锚杆支护参数				
净	掘进	宽	高			类型	排列方式	间排距/mm	长度/mm	直径/mm
6.23	6.90	3 200	2 500	锚喷	100	顶锚杆	矩形	800×800	1 800	16
						帮锚杆		800×800	1 800	16

六采区第三行人巷（0~980 m段）断面支护图	3-2-10-1	
	比例	1:50

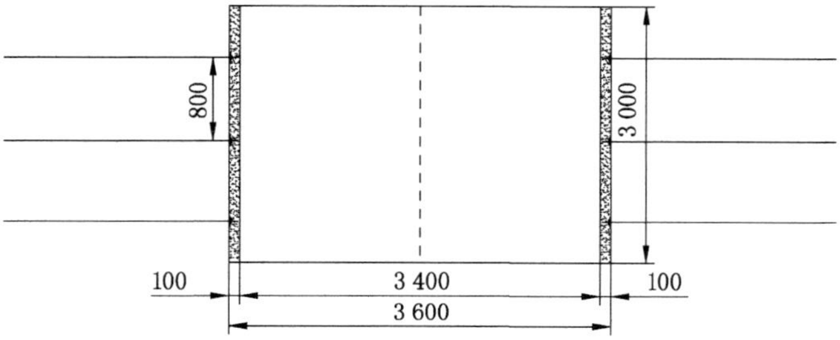

巷道断面特征表

断面积/m²		掘进尺寸/mm		支护方式	喷射厚度/mm	锚杆支护参数				
净	掘进	宽	高			类型	排列方式	间排距/mm	长度/mm	直径/mm
10.2	10.8	3 600	3 000	锚喷	100	锚杆	矩形	800×800	1 800	16

六采区第三行人巷（980~1 614 m段）断面支护图	3-2-10-2	
	比例	1:50

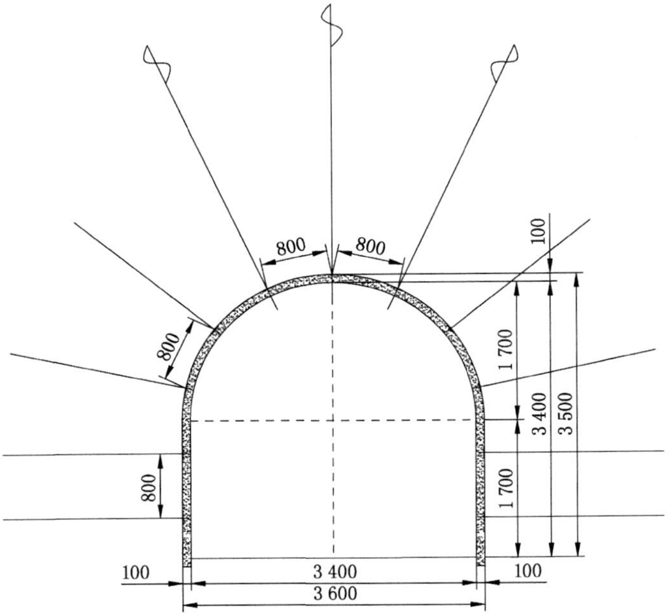

巷道断面特征表

断面积/m^2		掘进尺寸/mm		支护方式	喷射厚度/mm	锚杆（索）支护参数				
净	掘进	宽	高			类型	排列方式	间排距/mm	长度/mm	直径/mm
10.32	11.21	3 600	3 500	锚喷	100	顶锚杆	矩形	800×800	2 200	20
						帮锚杆		800×800	2 200	20
						锚索	三花形	1 600（排距）	5 000	21.6

6. 六采区 61137 材料巷断面支护图 3-2-11

六采区61137材料巷断面支护图	3-2-11	
	比例	1:50

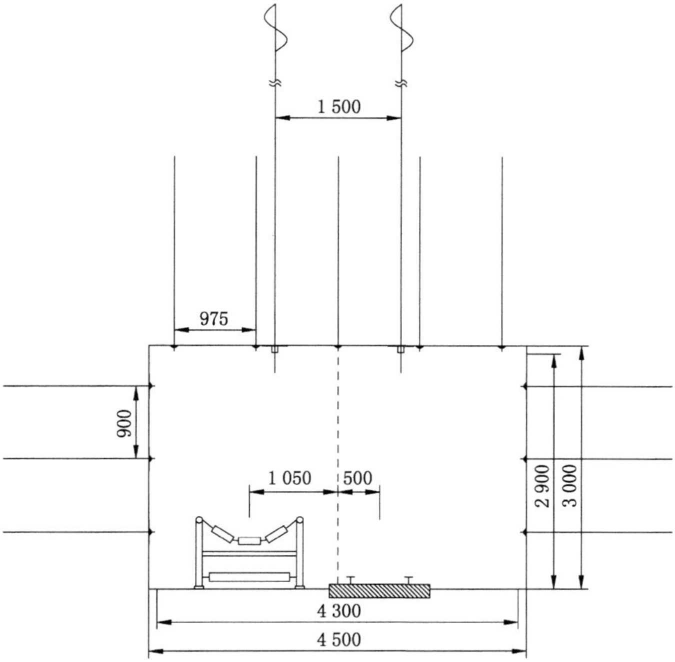

巷道断面特征表

断面积/m^2		掘进尺寸/mm		支护方式	锚杆（索）支护参数				
净	掘进	宽	高		类型	排列方式	间排距/mm	长度/mm	直径/mm
12.47	13.50	4 500	3 000	锚网	顶锚杆	矩形	975×1 100	2 400	22
					帮锚杆		900×1 100	2 400	22
					锚索		1 500×2 200	5 000	21.8

7. 六采区 61137 运输巷断面支护图 3-2-12

六采区61137运输巷断面支护图	3-2-12	
	比例	1:50

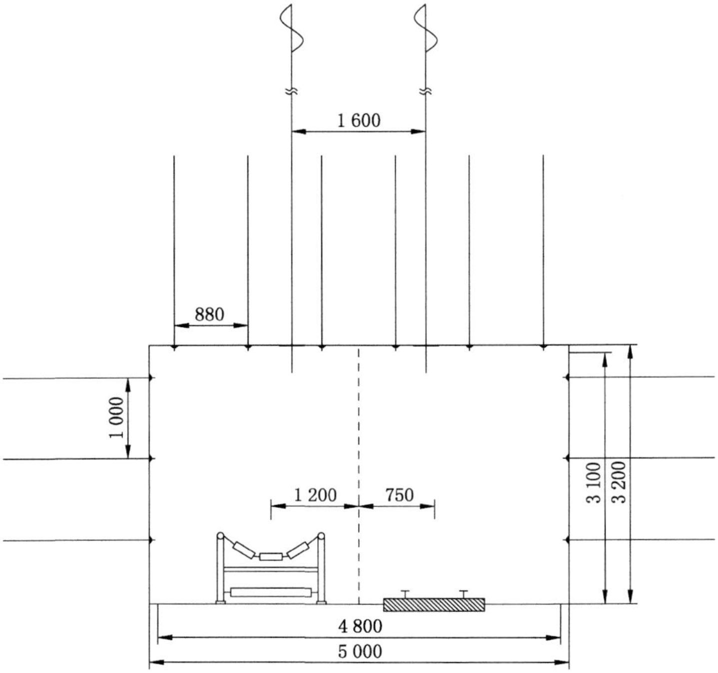

巷道断面特征表

断面积/m²		掘进尺寸/mm		支护方式	锚杆（索）支护参数				
净	掘进	宽	高		类型	排列方式	间排距/mm	长度/mm	直径/mm
14.88	16.00	5 000	3 200	锚网	顶锚杆	矩形	880×1 000	2 400	22
					帮锚杆		1 000×1 000	2 400	22
					锚索		1 600×2 000	7 200	21.8

附录4　八采区巷道断面支护图

1. 八采区煤层综合柱状图 4-1-1

八采区煤层综合柱状图	4-1-1	
	比例	示意

厚度/m	柱状	层号	岩石名称
8.00 (7.00～12.00)		6	K_2石灰岩
1.50 (1.30～1.70)		5	9号煤
1.70 (1.00～2.00)		4	泥岩
6.92 (6.36～7.48)		3	10+11号煤
4.00 (3.00～5.00)		2	铝质泥岩
4.60 (3.00～6.00)		1	砂质泥岩

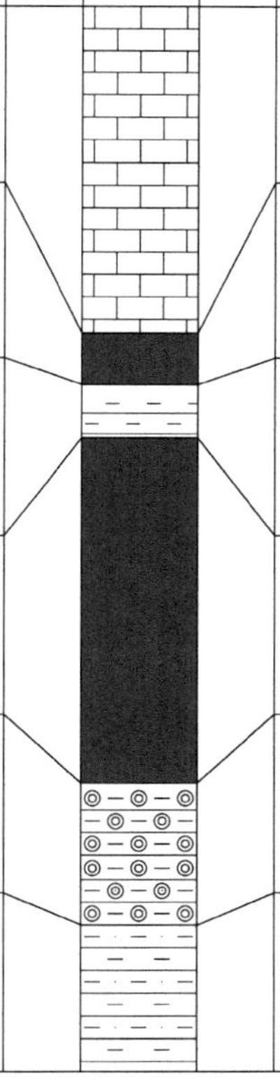

2. 八采区轨道巷断面支护图 4-2-1

八采区轨道巷断面支护图	4-2-1	
	比例	1:50

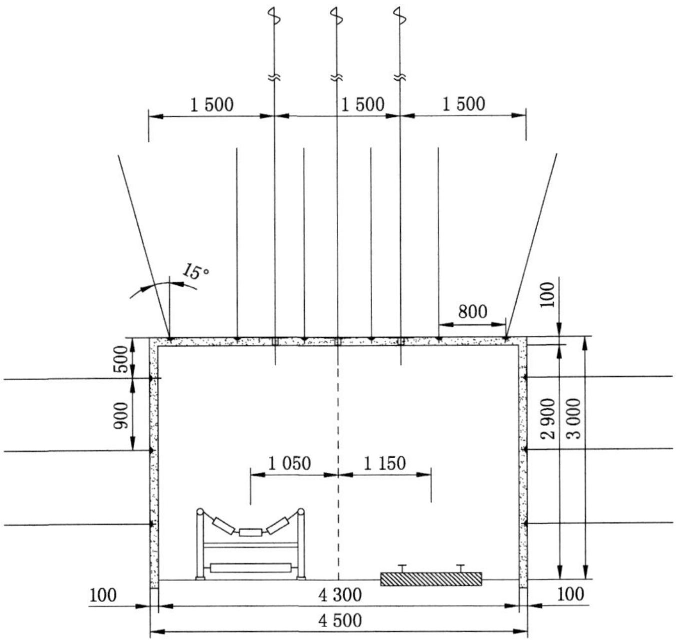

巷道断面特征表

断面积/m²		掘进尺寸/mm		支护方式	喷射厚度/mm	锚杆(索)支护参数				
净	掘进	宽	高			类型	排列方式	间排距/mm	长度/mm	直径/mm
12.47	13.50	4 500	3 000	锚网喷	100	顶锚杆	矩形	800×800	2 400	22
						帮锚杆		900×800	2 200	20
						锚索	三花形	1 500×1 600	5 000	21.8

3．八采区回风巷断面支护图 4-2-2

八采区回风巷断面支护图	4-2-2	
	比例	1:50

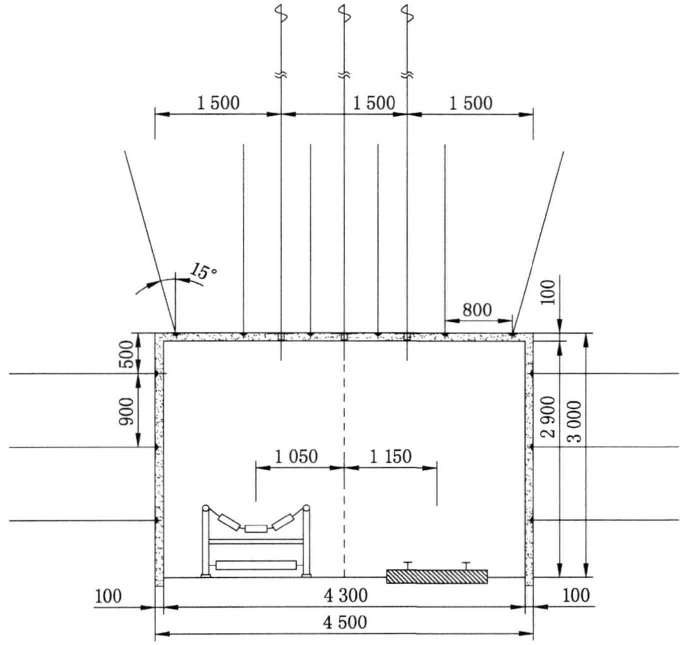

巷道断面特征表

断面积/m^2		掘进尺寸/mm		支护方式	喷射厚度/mm	锚杆（索）支护参数				
净	掘进	宽	高			类型	排列方式	间排距/mm	长度/mm	直径/mm
12.47	13.50	4 500	3 000	锚网喷	100	顶锚杆	矩形	800×1 000	2 400	22
						帮锚杆		900×1 000	2 200	20
						锚索	三花形	1 500×2 000	5 000	21.8

4．八采区胶带巷断面支护图 4-2-3

八采区胶带巷断面支护图	4-2-3	
	比例	1:50

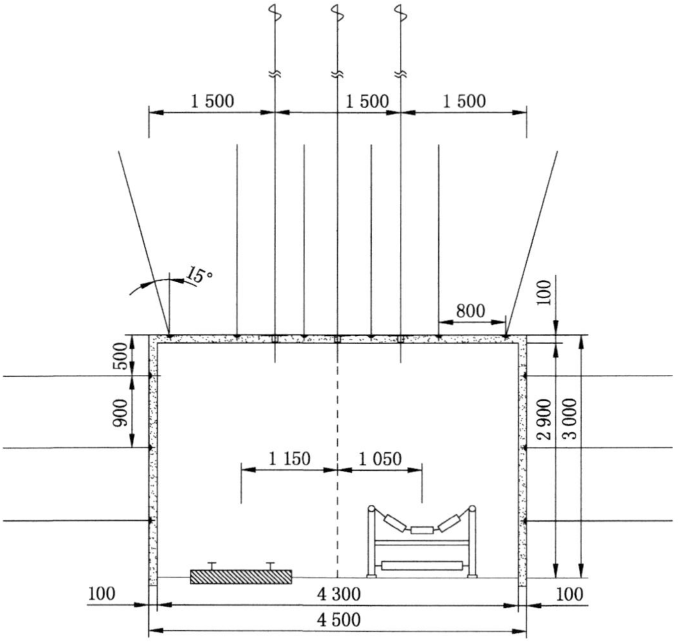

巷道断面特征表

断面积/m^2		掘进尺寸/mm		支护方式	喷射厚度/mm	锚杆（索）支护参数				
净	掘进	宽	高			类型	排列方式	间排距/mm	长度/mm	直径/mm
12.47	13.50	4 50	3 000	锚网喷	100	顶锚杆	矩形	800×800	2 400	22
						帮锚杆		900×800	2 200	20
						锚索	三花形	1 500×1 600	5 000	21.8

5. 八采区81102材料巷断面支护图4-2-4

八采区81102材料巷断面支护图	4-2-4	
	比例	1:50

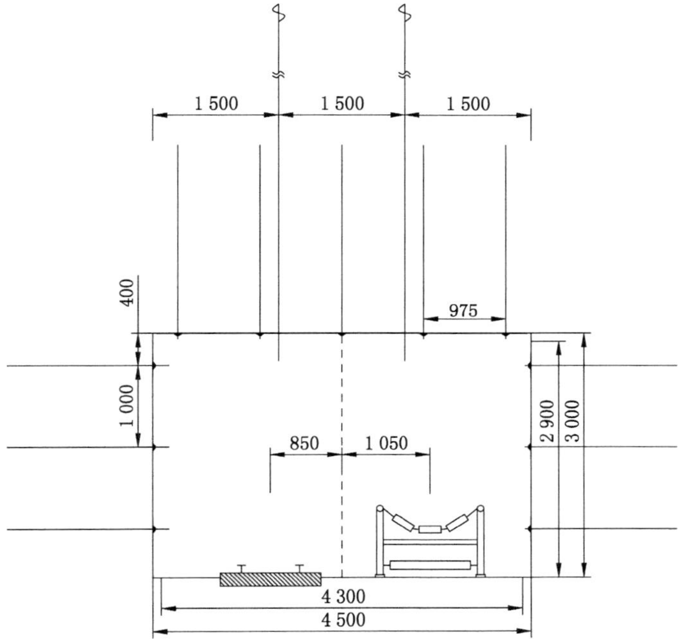

巷道断面特征表

断面积/m²		掘进尺寸/mm		支护方式	锚杆(索)支护参数				
净	掘进	宽	高		类型	排列方式	间排距/mm	长度/mm	直径/mm
12.47	13.50	4 500	3 000	锚网	顶锚杆	矩形	975×1 000	2 400	22
					帮锚杆		1 000×1 000	2 400	22
					锚索		1 500×2 000	5 000	21.8

6. 八采区 81102 运输巷断面支护图 4-2-5

八采区81102运输巷断面支护图	4-2-5	
	比例	1:50

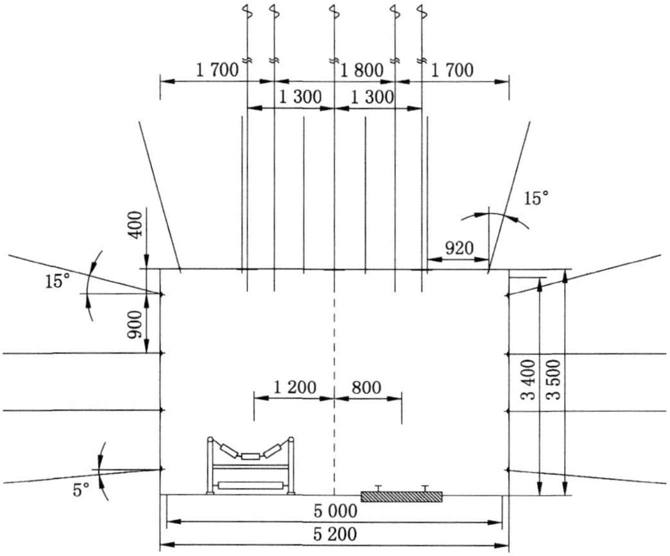

巷道断面特征表

断面积/m²		掘进尺寸/mm		支护方式	锚杆（索）支护参数				
净	掘进	宽	高		类型	排列方式	间排距/mm	长度/mm	直径/mm
17.0	18.2	5 200	3 500	锚网	顶锚杆	矩形	920×1 000	2 400	22
					帮锚杆		900×1 000	2 400	22
					锚索	五花形	1 300/1 800×2 000	5 000	21.8

7．八采区 81102 开切眼断面支护图 4-2-6

八采区81102开切眼断面支护图	4-2-6	
	比例	1:50

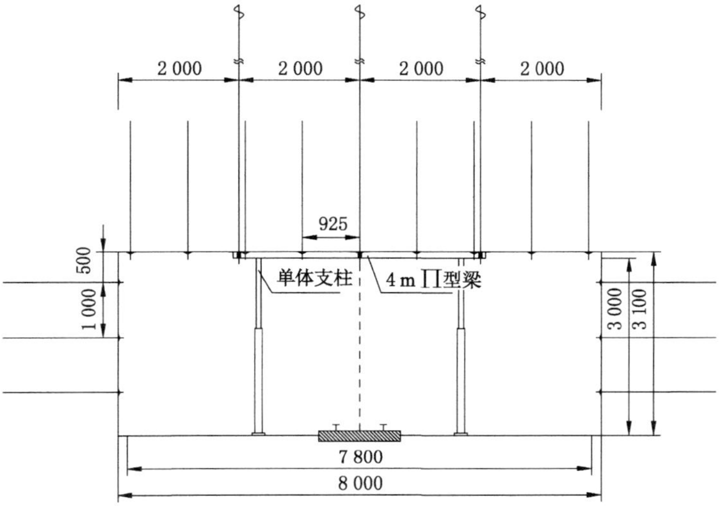

巷道断面特征表

断面积/m²		掘进尺寸/mm		支护方式	锚杆（索）支护参数				
净	掘进	宽	高		类型	排列方式	间排距/mm	长度/mm	直径/mm
23.4	24.8	8 000	3 100	锚网+∏型梁+单体支柱	顶锚杆	矩形	925×800	2 400	22
					落山侧帮锚杆		1 000×800	2 400	22
					工作面侧帮锚杆		1 000×800	1 800	16
					锚索		2 000×1 600	5 000	21.8

附录5 九采区巷道断面支护图

1. 九采区煤层综合柱状图5-1-1

九采区煤层综合柱状图	5-1-1	
	比例	示意

厚度/m		柱状		层号	岩石名称
8.00 (7.00～12.00)				6	K_2石灰岩
1.34 (0.99～1.80)				5	9号煤
1.70 (1.00～2.00)				4	泥岩
7.06 (3.83～8.34)				3	10+11号煤
4.00 (3.00～5.00)				2	铝质泥岩
4.60 (3.00～6.00)				1	砂质泥岩

2. 九采区南翼集中轨道巷断面支护图 5-2-1

九采区南翼集中轨道巷断面支护图	5-2-1	
	比例	1:50

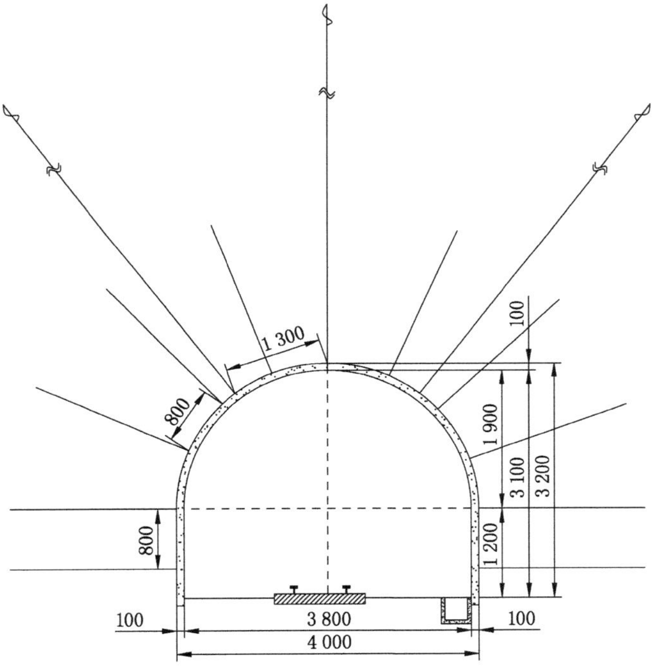

巷道断面特征表

断面积/m^2		掘进尺寸/mm		支护方式	喷射厚度/mm	锚杆（索）支护参数				
净	掘进	宽	高			类型	排列方式	间排距/mm	长度/mm	直径/mm
10.23	11.08	4 000	3 200	锚网喷	100	顶锚杆	矩形	800×1 000	2 200	22
						帮锚杆		800×1 000	2 200	22
						锚索		1 300×2 000	4 500	21.8

3．九采区南翼集中回风巷断面支护图 5-2-2

九采区南翼集中回风巷断面支护图	5-2-2	
	比例	1:50

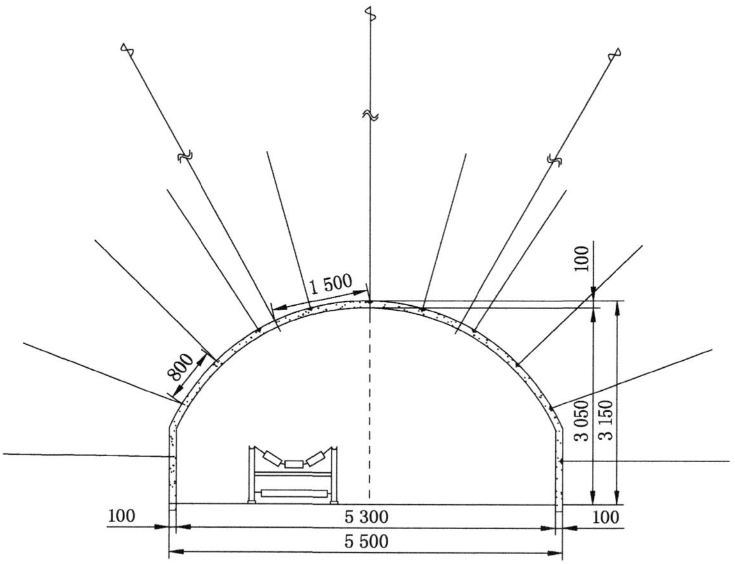

巷道断面特征表

断面积/m^2		掘进尺寸/mm		支护方式	喷射厚度/mm	锚杆（索）支护参数				
净	掘进	宽	高			类型	排列方式	间排距/mm	长度/mm	直径/mm
13.58	14.53	5 500	3 150	锚网喷	100	顶锚杆	矩形	800×1 000	2 400	22
						帮锚杆		0×1 000	2 400	22
						锚索		1 500×2 000	5 000	21.8

4. 九采区南翼集中胶带巷断面支护图 5-2-3

九采区南翼集中胶带巷断面支护图	5-2-3	
	比例	1:50

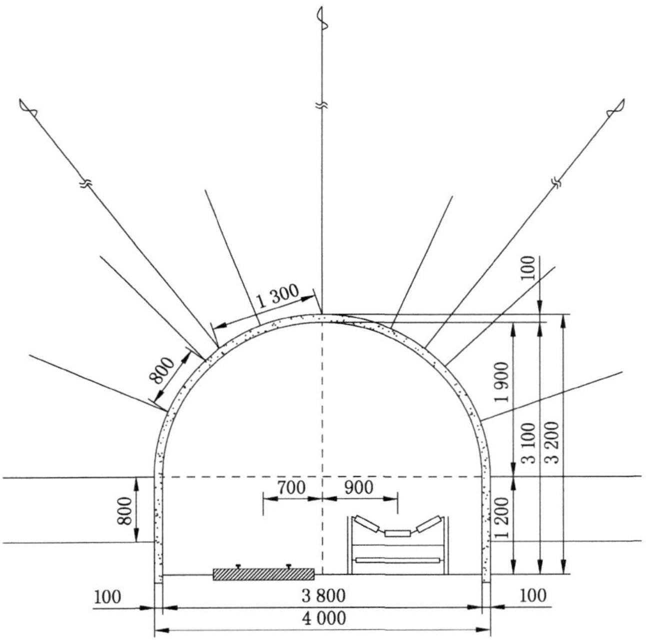

巷道断面特征表

断面积/m²		掘进尺寸/mm		支护方式	喷射厚度/mm	锚杆（索）支护参数				
净	掘进	宽	高			类型	排列方式	间排距/mm	长度/mm	直径/mm
10.23	11.08	4 000	3 200	锚网喷	100	顶锚杆	矩形	800×1 000	2 200	22
						帮锚杆		800×1 000	2 200	22
						锚索		1 300×2 000	5 000	21.8